Original Japanese language edition
"SENSOR, MAJIWAKARAN" TO OMOTTATOKINI YOMUHON
by Yoshito Tobe, Guillaume Lopez
Copyright © Yoshito Tobe, Guillaume Lopez 2024
Published by Ohmsha, Ltd.
Chinese translation rights in simplified characters by arrangement with
Ohmsha, Ltd.
Through Japan UNI Agency, Inc., Tokyo

著者简介

户边义人

日本青山学院大学教授，专注于传感器应用的电子系统及其软件开发。曾在电机制造公司和大学从事研发工作，主导了群马县馆林市气象传感器网络等重大项目。他是多个学术组织的活跃成员，包括日本测量与控制学会、电气学会、信息处理学会、电子与信息通信学会、人类信息学会，以及美国电气与电子工程师学会（IEEE）。

吉约姆·洛佩兹

日本青山学院大学教授，致力于可穿戴传感、生物信息处理和行为改变系统的集成技术研究。曾在汽车制造公司和大学开展多项跨领域合作项目，包括与医院和企业合作的连续血压监测、饮食习惯监测及舒适性监测。担任日本人类信息学会理事、IoT行为改变学研究小组组长，同时是日本信息处理学会高级会员、测量与控制学会会员，以及美国电气与电子工程师学会（IEEE）、计算机协会（ACM）的会员。

58讲 秒懂传感器

+ 探索智能科技的物理入口

〔日〕户边义人　吉约姆·洛佩兹　著
吴韶波　译

科学出版社
北京

图字：01-2025-0890号

内 容 简 介

传感器作为现代科技的重要组成部分，广泛应用于智能手机、可穿戴设备、汽车、医疗设备、智慧农业、工业自动化等多个领域。本书旨在帮助初学者了解传感器的基础知识，逐步探索传感器的奇妙世界。

全书共分为9章，内容涵盖传感器的基本原理、位置和运动检测、距离测量与物体识别、身份识别、生物信号检测、环境测量、传感器的特性和性能以及传感器应用系统。本书以简明易懂的方式，结合丰富的实例，详细讲解了传感器在日常生活和工业生产中的重要作用，如智能手机中的加速度传感器、陀螺仪传感器，汽车中的距离传感器，医疗设备中的生物信号传感器等。

本书适合对传感器技术感兴趣的普通读者，可用于青少年科普和科学教育。

图书在版编目（CIP）数据

秒懂传感器 /（日）户边义人,（日）吉约姆·洛佩兹著；吴韶波译. -- 北京：科学出版社, 2025. 4. -- ISBN 978-7-03-081751-8

Ⅰ.TP212-49

中国国家版本馆CIP数据核字第2025SG6953号

责任编辑：喻永光　杨　凯 / 责任制作：周　密　魏　谨
责任印制：肖　兴 / 封面设计：武　帅

科学出版社 出版
北京东黄城根北街16号
邮政编码：100717
http://www.sciencep.com

北京中科印刷有限公司印刷
科学出版社发行　各地新华书店经销

*

2025年4月第 一 版　　开本：880×1230 1/32
2025年4月第一次印刷　　印张：5 1/4
字数：120 000
定价：58.00元
（如有印装质量问题，我社负责调换）

前 言

我们的日常生活看似平凡简单，但实际上依赖许多肉眼看不见的高科技，才变得丰富多彩和便利。其中的关键就是"传感器"。传感器就像我们身边的"超级侦探"，能够时刻感知周围的环境和状态，并将这些信息转化为电信号供数字设备处理，让数字世界也能"听懂"现实的声音。在这个人工智能（AI）盛行的时代，传感器的作用尤为重要。想象一下，如果没有传感器，我们就无法把现实世界的丰富信息传递给数字设备，那么人工智能和计算机就会变得"耳聋眼瞎"，无法为我们服务。

传感器的原理并不复杂，但它们的"超能力"却非常强大。比如，我们常用的智能手机里就"藏"着各式各样的传感器，如光照传感器能根据周围的光照情况帮我们自动调节屏幕亮度，加速度传感器则能记录我们的步数。除此之外，传感器还在汽车安全驾驶、工厂生产线效率提升，甚至宇宙探测任务中大显身手，可谓无处不在、无所不能。

说到传感器的应用，那真是多得数不过来。比如，扫地机器人借助红外传感器和压力传感器就能自动避开障碍物，把家里打扫得干干净净；汽车自动刹车系统依赖距离传感器判断潜在危险，并在关键时刻及时刹车，保障行车安全；农业灌溉通过土壤湿度传感器来管理水资源，既能避免水资源浪费，又能促进农作物的健康生长。这些例子表明，传感器不仅让我们的生活更加便捷，还保障了安全，并对环境保护做出了重要贡献。

前 言

当然,要想深入了解传感器的工作原理和使用方法,需要一定的专业知识。不过别担心,本书就是为初学者和希望了解传感器基础知识的人群而编写的。它将以简明易懂的方式,结合生动的实例,通俗讲解传感器的种类、工作原理及实际应用。本书共分为 9 章,将逐步带你探索传感器的奇妙世界。

第 1 章　各种场景中使用的传感器
第 2 章　了解传感器的基本原理
第 3 章　用传感器检测位置和运动
第 4 章　用传感器测量距离与识别物体
第 5 章　用传感器识别身份
第 6 章　用传感器检测生物信号
第 7 章　用传感器测量环境
第 8 章　了解传感器的特性和性能
第 9 章　传感器应用系统

尽管传感器在我们的生活中随处可见,但很多人并不清楚它们的具体形态和作用。希望本书能帮助大家更好地认识传感器,并激发起探索相关领域知识的兴趣。

最后,为了确保本书内容对于普通读者,尤其是没有传感器技术背景的读者也通俗易懂,我们请日本青山学院大学生户田空伽提供了帮助。同时,衷心感谢欧姆社在编辑和校对过程中的辛勤付出。让我们一起开启这段关于传感器的奇妙旅程吧!

> **说 明**
>
> 从中国的实际情况出发,译者对本书部分内容进行了适应性调整。

目 录

第1章 各种场景中使用的传感器

第1讲 　智能手机——传感器的集合体 ………… 002
第2讲 　贴身的科技伙伴——可穿戴设备 ……… 006
第3讲 　传感器——为健康助力 ………………… 010
第4讲 　测量体重的四种传感器 ………………… 014
第5讲 　传感器让机器人感知世界 ……………… 016
第6讲 　熟悉环境的扫地机器人 ………………… 018
第7讲 　随"心"而动的平衡车 ………………… 020
第8讲 　汽车上布满了传感器 …………………… 022

第2章 了解传感器的基本原理

第9讲 　重新认识：什么是传感器？ …………… 026
第10讲 　传感器千差万别 ………………………… 028
第11讲 　感官与传感器的奇妙对应 ……………… 030
第12讲 　传感器测量值的国际单位制表示 ……… 032
第13讲 　只用0和1表示的数字信号 …………… 034
第14讲 　模拟和数字，各有千秋 ………………… 038
第15讲 　将模拟信号转换为数字信号的采样 … 040

第 16 讲　传感器到底是由什么构成的？ ………… 042
专栏 1　A/D 转换器的分辨率 ……………………… 044

第 3 章　用传感器检测位置和运动

第 17 讲　编码器与工厂自动化 …………………… 046
第 18 讲　检测旋转的专家 ………………………… 048
第 19 讲　检测直线的专家 ………………………… 050
第 20 讲　电磁波亦可作为传感器 ………………… 052
第 21 讲　有了 GPS 就不会迷路 …………………… 054
第 22 讲　UWB——超宽带 ………………………… 056
第 23 讲　蓝牙实现了无线连接 …………………… 058
第 24 讲　用毫米波探测周围环境 ………………… 062
第 25 讲　利用光测量位置 ………………………… 066
第 26 讲　基于多普勒效应实现的球速测量 …… 068
第 27 讲　测量加速度就知道步数了 ……………… 070
第 28 讲　利用地球自转的传感器 ………………… 074
专栏 2　什么是陀螺效应？ ………………………… 076

第 4 章　用传感器测量距离与识别物体

第 29 讲　人耳听不到的超声波 …………………… 078
第 30 讲　利用超声波生成胎儿图像 ……………… 080
第 31 讲　用声呐探测鱼群 ………………………… 082

第 32 讲　LiDAR 助力未来自动驾驶 ………… 084
专栏 3　超声波与音乐 ………………………… 086

第 5 章　用传感器识别身份

第 33 讲　用条纹图案表示信息的条形码 ……… 088
第 34 讲　随处可见的 QR 码 …………………… 090
第 35 讲　RFID 在自助收银和检票中大显身手 … 092
专栏 4　用 RFID 防止伪造 ……………………… 094

第 6 章　用传感器检测生物信号

第 36 讲　脑电波是驱动身体活动的电信号 …… 096
第 37 讲　意念控制——大脑和机器联动 ……… 098
第 38 讲　肌肉收缩时会产生电信号 …………… 100
第 39 讲　读取心跳变化推测精神状态 ………… 102
第 40 讲　用心电图仪检测心脏发出的电信号 … 104
第 41 讲　用传感器了解血管内部情况 ………… 106
第 42 讲　用红外线测量体温 …………………… 108
专栏 5　什么是脉搏血氧仪？ …………………… 110

第 7 章　用传感器测量环境

第 43 讲　测量空气湿度 ………………………… 112

目 录

第 44 讲　土壤湿度测量对农业至关重要 ………… 114
第 45 讲　媲美大象的嗅觉 ……………………… 116
第 46 讲　将声音传向远方 ……………………… 120
第 47 讲　测量"视野" …………………………… 122
第 48 讲　识别肉眼看不见的分子 ……………… 124
第 49 讲　测量对人体有害的放射线 …………… 126

第 8 章　了解传感器的特性和性能

第 50 讲　对传感器的要求 ……………………… 130
第 51 讲　去除噪声，获取准确数据 …………… 134
第 52 讲　传感器的校准 ………………………… 136
专栏 6　降噪功能 ………………………………… 138

第 9 章　传感器应用系统

第 53 讲　传感器在 IoT 中扮演着重要角色 …… 140
第 54 讲　IoT 的连接纽带 ……………………… 142
第 55 讲　使用网络技术整合多个传感器 ……… 146
第 56 讲　传感器与机器学习 …………………… 148
第 57 讲　传感器技术引领智慧农业 …………… 150
第 58 讲　用 ICT 和传感器实现智慧城市 ……… 152

第 1 章 各种场景中使用的传感器

传感器是一种将获取的信息转换为机器或人类易于读取的信号和数据的装置。这句话听起来可能有些难懂,但实际上传感器就在我们身边,默默地为我们的生活提供便利。在第 1 章中,我们将通过一些常见的例子初步了解传感器的世界,并介绍不同类型的传感器。

智能手机——传感器的集合体

传感器基础知识 ///　　☑智能手机　☑互联网　☑GPS

日常生活中的传感器

传感器在我们生活里无处不在，家用电器、汽车等各个领域都有它的身影。尤其在现代社会，许多人离不开的智能手机内置了各种各样的传感器，简直就像一个传感器的小宇宙，因此也被称为传感器的集合体。那么，我们就从智能手机入手，一同探索传感器的奥秘吧！

智能手机

"智能手机"这个名称来源于"聪明（smart）的电话（phone）"。它的发展速度令人惊叹，从最初只能拨打电话，到后来可以发送电子邮件和连接互联网，再到如今几乎具备计算机的所有功能。不仅如此，智能手机还可以作为电子钱包进行移动支付和信用卡结算，已经成为我们生活中不可或缺的一部分。

拆开智能手机，你会发现它的内部与计算机非常相似，都拥有处理器、内存等核心部件。可以说，智能手机就是一台迷你计算机。而其如此智能和便捷的原因，正是**内置了各种传感器**。接下来，我们一起来看看智能手机中有哪些神奇的传感器吧！

智能手机中的传感器

❶ 加速度传感器

加速度，严格来说就是速度的变化。加速度传感器能通过**感知速度的变化**，判断智能手机的运动状态。计步器能算出你走了多少步，游戏控制器能感应你的操作，这里面都有加速度传感器的功劳。

❷ 陀螺仪传感器

加速度传感器能感知直线运动，而陀螺仪传感器则能**感知旋转运动**。比如，当你玩赛车游戏时，转动手机就能控制方向，这就是陀螺仪传感器的作用。它还被用于相机的防抖——画面不会晃来晃去，让你拍出更清晰的照片。

❸ 磁传感器

磁传感器类似于一个指南针，专门用于**感知地球的磁场**。有了它，智能手机能够判断自身的朝向，无论是在城市中进行导航，还是在玩一些需要方向感应的游戏时，它都能发挥重要作用。

❹ 光照传感器

光照传感器能够**根据周围环境光线的强弱，自动调整手机屏幕亮度**到最佳状态。这不仅能够提升视觉舒适度，还能节省电量，延长电池的使用时间。

❺ GPS 传感器

GPS（global positioning system，全球定位系统）通过接收太空中人造卫星（GPS 卫星）发出的信号，来确定手机的当前位置。智能手机内置了能够**感知 GPS 信号**的 GPS 传感器，让你无论在哪里都能轻松找到方向。

▲ 通过 GPS 传感器获取当前位置

❻ 生物认证传感器

生物认证传感器是能够识别面部特征或指纹等**生物信息**的传感器，用于智能手机的屏幕解锁或身份验证，防止他人非法使用。比如指纹识别，通过感知指纹的凹凸产生的微弱电容变化，与已存储的身份数据进行比对，确认是否为本人。它还被广泛应用于网上银行等需要高安全性的场景。

❼ 图像传感器

图像传感器就像手机的"眼睛"，负责**处理和判断**相机拍摄的数据，帮助人们拍出清晰的照片。此外，它还能够读取二维码，用户只需扫一扫即可购买商品或轻松获取信息。

▲ 通过图像传感器识别二维码

❽ 麦克风

麦克风是手机的"耳朵",作为电话的进化产物,智能手机自然离不开麦克风。没有麦克风,手机将无法采集人的声音,通话功能也无从谈起。此外,智能手机具备计算机的功能,具有更高级的用途。比如,它可以将你说的话翻译成外语,甚至回答你的问题。这得益于智能手机能够通过网络连接到互联网这一庞大知识库。

▲ 通过麦克风识别声音

你看,智能手机使用了这么多传感器——它们让手机功能变得强大,极大地便利了我们的生活。

实际上,不仅仅是智能手机,许多身边的设备也广泛应用了传感器。比如,汽车导航系统使用了加速度传感器、陀螺仪传感器、磁传感器和 GPS 传感器,以获取位置、速度和方向等信息,从而提高驾驶的安全性和便捷性。

接下来,让我们继续探索,看看传感器还将为我们带来哪些惊喜!

贴身的科技伙伴
——可穿戴设备

可穿戴设备 /// ☑可穿戴 ☑智能手表 ☑无线耳机

可穿戴设备的功能

可穿戴设备是指那些设计精巧、便于穿戴在身体上的电子设备，主要有以下两个功能。

❶ 感知与记录

能够感知、观察并记录人的动作、位置和生物信息，如心率、步数等。

❷ 信息传递

通过显示屏、耳机等设备，以视觉、听觉或触觉的方式向人们传递信息。

第2讲 贴身的科技伙伴——可穿戴设备

这些功能的实现都离不开传感器的支持。例如,加速度传感器能感知我们的动作,GPS 传感器能告诉我们在地图上的位置,而脉搏传感器则可以获取我们身体里的生物信息。

可穿戴设备的历史

可穿戴设备的历史可以追溯到 19 世纪初。当时,著名的钟表制造商宝玑(Breguet)推出了一款腕表。尽管它并非电子设备,严格来说也不能视为真正的可穿戴设备,但由于其精密的构造和便携性,人们可以随时随地获取时间信息,因此被视为现代可穿戴设备的先驱。真正的电子可穿戴设备出现在 20 世纪 70 年代,当时美国制造商推出了一款具有计算器功能的电子手表。随后,日本的卡西欧公司在 1980 年也推出了类似的产品。

到了 2010 年左右,随着计步器被集成到手环中,这一趋势极大地促进了近年来智能手表等可穿戴设备的流行。

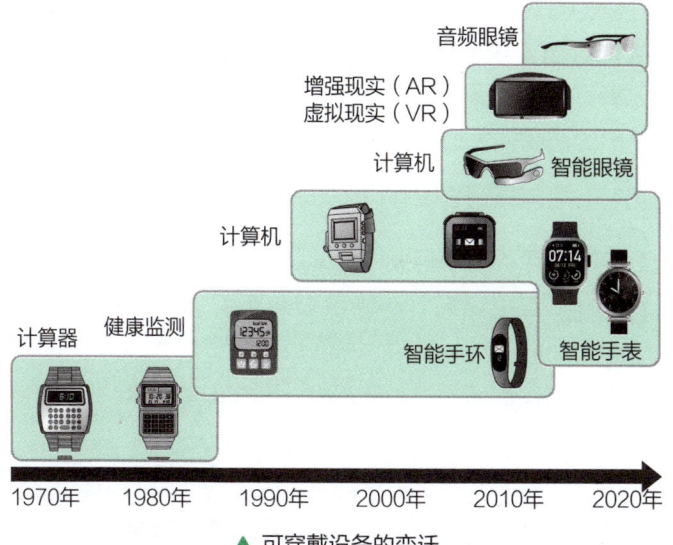

▲ 可穿戴设备的变迁

两种广为人知的可穿戴设备

谈到可穿戴设备，大家首先想到的可能是智能手表和智能眼镜。

❶ 智能手表

智能手表（腕表型可穿戴设备）大约从 2015 年开始普及。它就像一台迷你计算机或智能手机，用户可以自行安装应用程序，根据自己需求进行定制，具有很强的扩展性。智能手表里内置了管理整个系统的操作系统（OS），还有许多应用程序，**与其说是智能手表，不如说它是一台手表形状的超小型计算机**。

智能手表也内置了各种传感器，特别是接收卫星信号的 GPS 功能，对于喜欢户外活动的人士而言十分有用。通过 GPS 获取户外位置信息，用户在跑步或骑行时能够追踪路线、测量距离和速度。

❷ 智能眼镜

智能眼镜（眼镜型终端）从 2010 年开始逐渐进入大众视野。尽管早期也有类似尝试，但由于需要将其做得既小又轻，同时显示影像还需强大的处理能力，因此实用化花费了较长时间。

目前，智能眼镜主要有以下三种类型。

- 与智能手表功能相似的智能眼镜。
- 搭载了虚拟现实（VR）或增强现实（AR）技术的智能眼镜（VR 设备被称为头戴式显示器）。
- 配备了扬声器的眼镜型耳机，既能传递声音，又不会堵塞耳朵或漏音。

目前，大多数智能眼镜是针对不同用途而设计的专用设备。未来，随着技术的进一步发展，可能会出现一款单一设备能够满足所有需求的智能设备。

第 2 讲 贴身的科技伙伴——可穿戴设备

最普及的可穿戴设备

提到可穿戴设备,大家可能首先想到的是智能手表和智能眼镜。然而,实际上最普及的可穿戴设备是"无线耳机"。

如今的耳机不仅配备了用于听取声音的扬声器和采集话音的麦克风,越来越多的耳机还加入了加速度传感器和脉搏传感器,能够感知人体动作、测量心率。一些传统的时尚配饰,如发带、帽子、领带、腰带、戒指、鞋子甚至口罩,现在也开始植入**传感器和通信功能**,逐渐演变为新型的可穿戴设备。

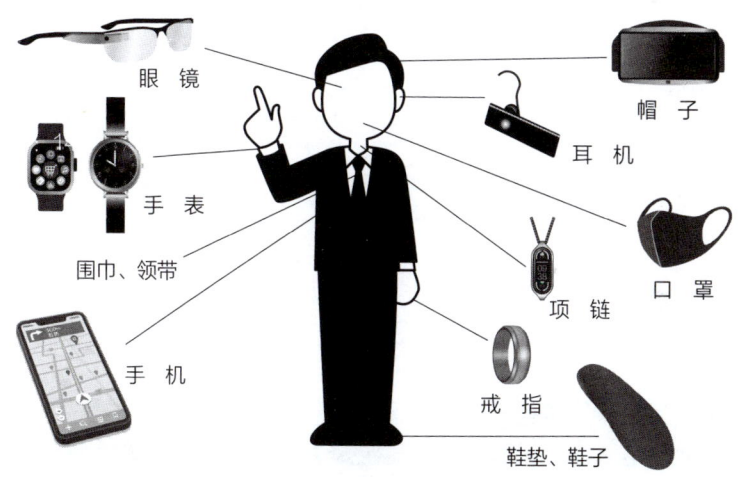

▲ 正在向可穿戴设备进化的配饰

人体植入型计算机

展望未来,科学家们正在探索"将计算机植入人体"的可能性。目前,已经有为了医疗目的而植入体内的设备,如心脏起搏器和胰岛素泵。未来,还有望直接测量血糖、血压、体温等健康数据,并在必要时发出警告,是不是很让人期待?

第 3 讲 传感器——为健康助力

血压计 ///　　　☑血压测量　☑柯氏音　☑压力

健康状态的指标

了解自身的健康状况有多种方法,如**测量血压**。高血压可能导致动脉硬化,从而引发各种器官疾病。那么,血压究竟是什么?简单来说,血压是心脏泵出血液时对血管壁产生的压力。当心脏收缩时,血液被挤入动脉,此时的血压达到最高值——**收缩压**;而在心脏舒张时,血液回流到心脏,血压降至最低值——**舒张压**。血压测量依赖于心脏跳动与血管之间的关系,而传感器在这一过程中发挥了重要作用,帮助我们捕捉这些细微的变化。

血压的测量方法

测量血压的方法主要有两种,一种是用听诊器或者麦克风等能**采集声音的设备来测量血压**的柯氏音法,另一种是通过检测脉搏产生的**压力振动来测量血压**的示波法。

血压测量的历史

血压测量的历史可以追溯到 19 世纪末。1896 年,意大利医生希皮奥内·里瓦·罗奇(Scipione Riva-Rocci)发明了第一台血压计,它由一个充气袖带和水银压力计组成。通过挤压橡胶球给袖带充气,当压力增大到某一程度时,脉搏会消失,此时的压力值即为收缩压。尽管当时只能测量收缩压,但这一原理为现代血压计奠定了基础。

1905 年,俄国军医尼古拉·柯洛特科夫(Nikolai Korotkoff)对这一方法进行了改进。他发现,在袖带充气后缓慢放气时,可以通过听诊器听到血液流动的声音。这种"咚咚"声被命名为**柯氏音**,以纪念它的发现者。这种测量方法被称为**柯氏音法**。刚听到柯氏音时的血压为收缩压,而声音消失时的血压为舒张压。值得一提的是,以前利瓦洛奇发明的血压计只能测量收缩压,而随着柯氏音法的出现,收缩压和舒张压都能被准确测量了。

测量血压的两种方法

❶ "听声音"的柯氏音法

柯氏音法就是通过听血管声音来测量血压的方法,需要使用听诊器和压力计(如水银压力计)。如今,一些采用柯氏音法的血压计使用高灵敏度**麦克风**取代了传统的听诊器。

第 1 章
各种场景中使用的传感器

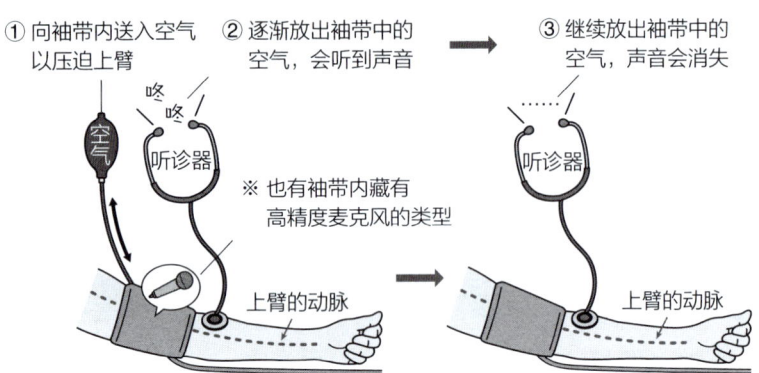

▲ 柯氏音法的测量原理

❷ "看振动"的示波法

与柯氏音法类似,示波法也通过充满空气的袖带压迫上臂动脉,然后缓慢放气。当血液开始流动时,会产生脉搏并伴随振动。随着袖带压力的进一步降低,血管扩张,血液流量增大,振动也逐渐增强。振动在幅度达到最大后开始减弱,直到最终消失。通过记录振动幅度突然增大的点作为收缩压,振动幅度急剧下降的点作为舒张压,即可完成血压测量。这种通过血液振动来测量血压的方法被称为**示波法**。

自 20 世纪 80 年代中期以来,示波法被广泛应用。与柯氏音法相比,示波法具有许多优点,如不受环境噪声干扰、操作简便且成本更低。目前,大多数医院使用的自动血压计及家庭常用的血压计大多采用示波法。

通过传感器**感知血管的声音和振动**,我们可以实现血压的自动测量,甚至还能探测人体内部的其他活动。传感器不仅能帮助我们更好地了解自身健康状况,还是健康管理的重要助力工具。

第 3 讲 传感器——为健康助力

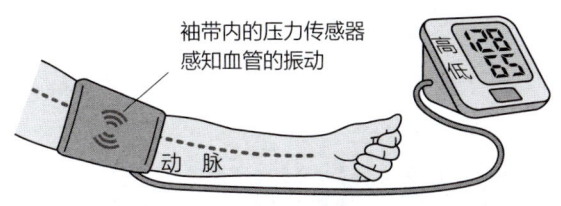

▲ 示波法的测量原理

日常生活中的健康监测

在日常生活中,如果能够随时随地监测健康状况,那将极为便利!为此,科学家们开发了许多智能产品,其中之一便是智能马桶。通过分析尿液和粪便样本,智能马桶可以监测血糖水平、脂肪代谢及肾功能等**多种健康指标**,甚至能够发现某些疾病的早期信号。此外,它还具备尿流分析、粪便检测、心率测量和体温监测等多项功能。一些智能马桶系统甚至可以直接从人体收集数据,并将这些信息与智能手机应用程序或云端平台同步,使我们能够实时关注个人健康状况。这些系统不仅能够分析数据,还能根据监测结果提供有关营养补充和水分摄入的建议,从而帮助我们保持更健康的状态。

传感器技术的进步正在让健康监测变得更加简单、智能和无处不在。未来,我们可能会见到更多嵌入日常生活的健康监测设备,这些设备无须我们刻意关注,就能够默默守护我们的健康。例如,智能镜子可以分析皮肤健康状况,智能床垫能够监测睡眠质量,智能服装可以实时追踪心率、体温等生理数据。这些创新技术正在为我们带来更加便捷的健康管理方式,让我们共同期待科技带来的全新健康生活!

第 4 讲　测量体重的四种传感器

体重秤 ///　　　☑数字式　☑应变片　☑电阻

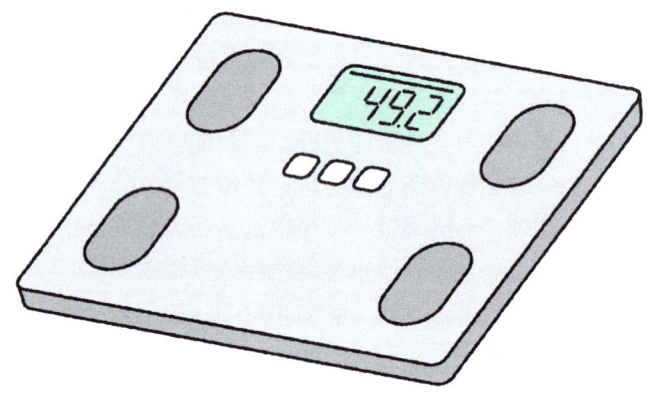

体重：健康的重要指标

　　除了血压，体重也是衡量健康状况的重要指标。由于肥胖可能引发糖尿病以及动脉硬化等心脑血管疾病，因此定期测量体重对保持身体健康非常重要。

　　过去，人们主要使用模拟式体重秤。而现在，**数字式体重秤已经成为主流**。接下来，我们将介绍数字式体重秤中使用的传感器及其基本原理。

应变片：藏在体重秤里的秘密

当我们站到体重秤上时，秤内部的**金属会发生微小的形变，应变片开始工作。**金属具有一种有趣的特性：当它受到拉伸或压缩时，其电阻值会发生变化。应变片正是利用这一特性，通过测量金属**电阻值的变化**来计算形变量的。体重秤通过应变片采集这些变化信息，从而精确地测出体重。

体重秤的设计十分巧妙，无论你站在秤板的哪个位置，它都能准确地测量出你的体重。这是因为秤板下面安装了基于应变片原理制成的**四个力传感器**。当人站上体重秤时，体重会均匀分散到这四个力传感器上。分别测量传感器受力情况，最后将数据汇总，就能计算出体重。

顺便说一句，现在的体重秤可不只是能测"体重"哦！许多体重秤还能够分析身体成分，如脂肪和肌肉比例等。这是通过**生物电阻抗法**实现的，脂肪越多，身体的电阻越大。传感器技术和相关算法的不断进步，使得体重秤成为我们健康管理的好帮手。

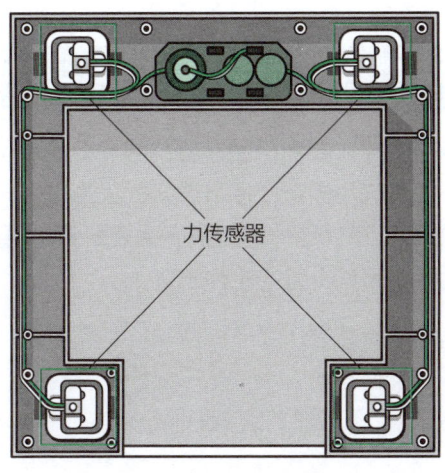

▲ 体重秤中的力传感器

第 5 讲 传感器让机器人感知世界

机器人 /// ☑人形机器人 ☑控制 ☑驱动

机器人执行的动作

机器人有很多种，如在机械、食品等制造业中组装产品的**工业机器人**，在公司前台或餐厅接待顾客的**人形机器人**，以及陪伴我们的**宠物机器人**等。尽管这些机器人在外观和用途上各不相同，但它们大多数拥有类似的工作机制。

- 获取信息（**传感器**）。
- 处理信息（**控制**）。
- 执行动作（**驱动**）。

为了完成这些任务，传感器扮演着至关重要的角色。

第 5 讲 传感器让机器人感知世界

信息获取功能

让我们以人形机器人为例，看看它如何通过传感器与外界互动。

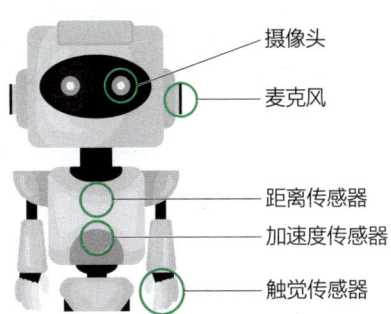

▲ 人形机器人配备的传感器

下面，我们来认识一下图中的麦克风、**摄像头**和**触觉传感器**，看它们都起什么作用。

❶ 麦克风

麦克风是机器人获取声音的"耳朵"。它不仅能**采集外界的声音**，还能捕捉与你对话的声音。对于人形机器人，麦克风是与人互动的关键部件。

❷ 摄像头

摄像头是机器人的"眼睛"。通过图像处理，它能**识别物体或人脸**。要想让机器人读懂人的表情，那就更离不开摄像头啦。

❸ 触觉传感器

触觉传感器让机器人有了"触觉"。它可以检测机器人是否接触了物体，还能判断握持物体的力度。这使得机器人能够完成**抓握、搬运等精细动作**。

除了这些，人形机器人还配备了距离传感器和加速度传感器等其他用于获取信息的传感器，帮助它更全面地感知世界。

第 6 讲 熟悉环境的扫地机器人

扫地机器人 /// ☑红外线 ☑布局图 ☑SLAM

红外传感器和压力传感器

和许多其他机器人一样,扫地机器人配备了多种传感器,用以感知周围环境,从而高效完成整个房间的清扫任务。

首先,为了避免碰撞墙壁和障碍物,扫地机器人使用了**红外传感器**。这种传感器类似于电视遥控器上的红外装置,通过**发射红外线并检测反射情况来判断与周围物体的距离**。如此,扫地机器人可以在自由移动时有效避开障碍物。另外,扫地机器人还配备了**压力传感器**,用于检测是否与障碍物发生了接触。

SLAM

为了实现房间的均匀清扫，扫地机器人需要准确了解房间的布局以及自己的实时位置。如果每次都手动输入房间地图，那可太麻烦了！于是，科学家们开发了一种名为 **SLAM**（simultaneous localization and mapping，即时定位与地图构建）的技术。SLAM 技术让扫地机器人能够在**移动的过程中实时进行定位和地图绘制**。SLAM 需要强大的计算能力，以前难以在小型设备上实现。但随着技术的进步，即使是小小的扫地机器人，也能流畅运行 SLAM。

正常情况下，如果没有完整的地图信息，机器人在房间内四处移动时很难确定自己的确切位置。借助 SLAM 技术，扫地机器人就可以利用传感器收集环境信息，并**与已有的不完整地图进行对比，从而大致估算出自己的位置**。然后，通过不断更新和修正地图，逐步完善房间的全景地图，直至完成一张高度精确的布局图。有了这张自主绘制的地图，扫地机器人便能够在房间内更加高效地规划路径，完成清洁任务。

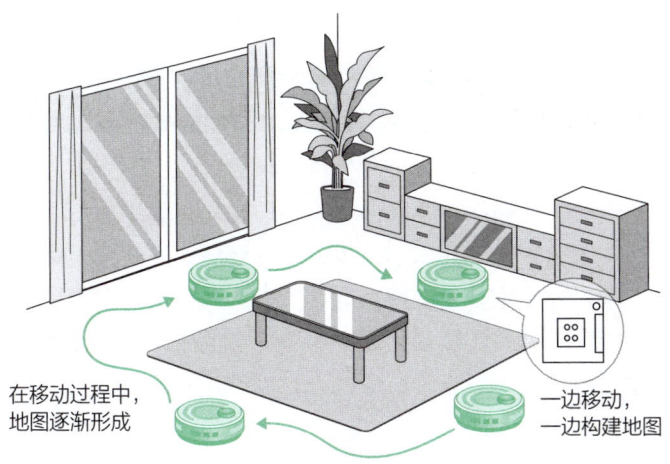

▲ SLAM 建图的流程

第 7 讲 随"心"而动的平衡车

平衡车 /// ☑重心移动 ☑控制板 ☑电解液

仅靠移动身体重心就能行驶的交通工具

　　平衡车（Segway）是一种有两个并排车轮的电动交通工具。与自行车或摩托车不同，它没有控制加减速的油门或刹车，也没有控制左右转向的车把，仅靠驾驶者移动身体重心就能操控行驶方向。在机场，我们经常能看到工作人员骑着平衡车穿梭。虽然平衡车在 2020 年 6 月已基本停产，但作为一款应用传感器的交通工具，它依然非常值得关注。

平衡车搭载的传感器

平衡车配备了 5 个**陀螺仪传感器**（角速度传感器）和 2 个**倾斜传感器**，用来感知驾驶者的身体重心变化。

陀螺仪传感器就像一个超级灵敏的小天平，能够实时检测**身体重心移动导致的平衡车前后或左右倾斜**的情况。检测到的倾斜信息会被送到**控制板**进行处理，控制板根据这些信息指挥平衡车进行对应的移动动作。

倾斜传感器负责**检测平衡车相对于地面的倾斜程度**，确保它稳稳当当的。它的内部充满了电解液，其工作原理与人的内耳保持平衡感的机制相似。通过电解液的变化来判断倾斜方向。

迷你平衡车

尽管平衡车已基本停产，但它的技术被应用在了迷你平衡车上。和平衡车一样，迷你平衡车通过移动身体重心来控制方向。比如，你想向右转，只需把重心向右偏移，传感器就能检测到倾斜，并控制滑板车向右侧前进。

▲ 平衡车的原理

第 8 讲　汽车上布满了传感器

汽车 ///　　☑ EV　　☑ LiDAR　　☑ 自动运行

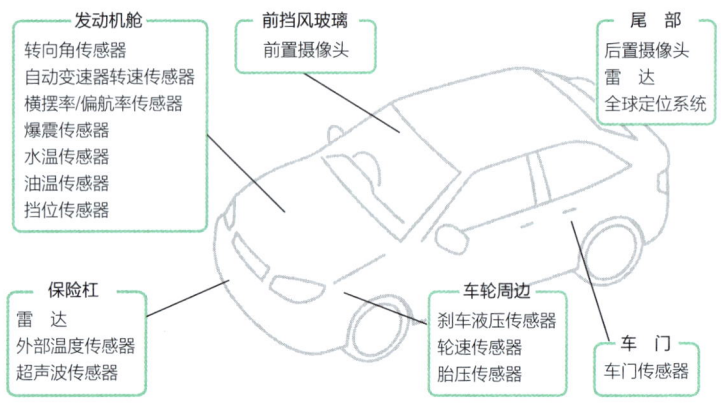

发动机舱
转向角传感器
自动变速器转速传感器
横摆率/偏航率传感器
爆震传感器
水温传感器
油温传感器
挡位传感器

前挡风玻璃
前置摄像头

尾部
后置摄像头
雷达
全球定位系统

保险杠
雷达
外部温度传感器
超声波传感器

车轮周边
刹车液压传感器
轮速传感器
胎压传感器

车门
车门传感器

汽车中的传感器

　　无论是传统的汽油车，还是现代的电动车（electric vehicle，EV），汽车的正常运行都离不开各种类型的传感器。汽车使用了非常多种类的传感器，简直就是一个传感器大集合。甚至可以说，**没有传感器，汽车就无法安全、高效地行驶**。这些传感器就像汽车的"感官"，协助车辆感知周围环境并做出相应决策。它们的功能各异：有的用于控制发动机，有的用于防止碰撞，还有一些可以提升乘坐舒适性。以下，我们将重点介绍几种具有代表性的传感器。

控制发动机的传感器

❶ 爆震传感器

爆震传感器的主要作用是**监测燃料是否平稳燃烧**。如果发动机发生意外点火,而没有爆震传感器的及时检测,可能会造成发动机内部零件的损坏。

❷ 轮速传感器

轮速传感器是一种用于检测发动机内轴转速的传感器,在防抱死制动系统(ABS)中得到了广泛应用。它不仅可以测量车轮的转速,协助计算行驶里程,还可以在自动挡汽车中**根据车速来自动调控挡位**。

❸ 油温传感器

油温传感器负责**持续监测燃油温度**,以确保燃油始终以最佳状态使用。若燃油温度过低,其密度较大,则延长燃烧时间;若燃油温度过高,则相应缩短燃烧时间。油温传感器的作用是让燃油以适当的量和温度注入发动机,从而保障发动机高效运转。

汽车安全相关的传感器

安全性是汽车设计的重中之重。为了确保驾驶安全,现代汽车配备了多种传感器:胎压传感器能够实时监测轮胎气压水平,预防漏气和爆胎风险;距离传感器用于检测汽车与其他车辆或障碍物之间的距离,帮助避免碰撞;冲击传感器在发生碰撞时快速触发安全气囊,从而最大程度地保护驾乘人员安全;安全带传感器用于检测乘客是否正确系好了安全带,提高安全防护水平。正是因为有了这些传感器,我们的出行变得更加安心和安全。

第 ❶ 章
各种场景中使用的传感器

汽车传感器的未来

传感器赋予汽车许多便利和舒适的功能。例如，水滴传感器可以感知雨滴并自动启动雨刷；声音传感器让驾驶者可以通过语音控制导航；体重传感器能够判断座椅上是否有人乘坐并据此自动调整空调等设备。随着汽车电动化，用于监测电池状态及活动部件位置的传感器种类和数量预计将持续增加。

自动驾驶技术的加速发展

自动驾驶技术分为几个等级，完全自动驾驶（L5 级）还需要很长时间才能实现，但搭载部分自动驾驶功能（L2 级或 L3 级）的汽车已经进入市场。这些自动驾驶系统旨在实现特定条件下的驾驶自动化，如高速公路行驶和停车辅助等。完全自动驾驶仍面临许多技术、法律和安全方面的挑战，但截至 2024 年，自动驾驶出租车已经在美国投入运营。此外，中国也在进行自动驾驶出租车相关实验。北京、武汉已出台自动驾驶的法规，2025 年符合规范的 L3 级私家车可按规范使用自动驾驶功能上路。

准确识别周围环境并**实时做出安全的驾驶决策，需要多种类型的传感器**。这些传感器用于检测和分析车辆周围的障碍物、交通状况、路标、信号等。特别是，**用于外部环境识别的激光雷达（LiDAR）和成像摄像头将变得越来越重要**。

▼ 自动驾驶技术的等级

L1	加速和减速或者方向盘操作中的任一项自动
L2	加速和减速、方向盘操作在特定条件下自动
L3	所有操作在特定条件下自动
L4	在特定行驶环境等条件下完全自动驾驶
L5	完全自动驾驶

第 ② 章　了解传感器的基本原理

现在，是否对传感器有了初步的认识？在第 2 章中，为了帮助大家更深入地了解传感器，我们将介绍其基本原理。接下来，让我们一起深入探索传感器的奇妙世界吧！

第 9 讲 重新认识：什么是传感器？

热敏电阻 /// ☑电子体温计 ☑热敏电阻 ☑信号处理

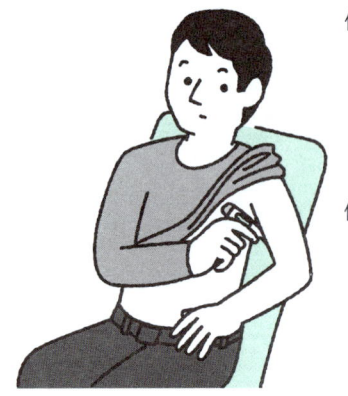

电子体温计
传感器
36.2℃
利用温度变化导致电阻变化的性质

水银体温计
传感器
利用温度变化导致水银膨胀的性质

传感器是"感知事物的元件"

到现在为止，我们已经看了好多使用传感器的例子。现在，我们再来好好梳理一下"传感器到底是什么"。

英语"sense"是个动词，意思是"感知"，后面加上表示人或物的后缀"-or"，就变成了"感知事物的东西"，即"传感器"。换言之，传感器可以定义为"能够感知环境中物体或物理现象的特定特征，并将其转换为数字信号的元件"。借助传感器，我们不再需要模糊地描述"好"或"坏"，而是能够精确地传递具体的数值信息。

第 9 讲 重新认识：什么是传感器？

传感器的作用

以**电子体温计**为例，我们可以更直观地理解传感器的作用。电子体温计主要使用的传感器是一种被称为**热敏电阻**的元件。它由特定的**半导体材料制成，其电阻（即电流通过的难易程度）会随着温度的变化而变化**。体温计中的传感器通过测量人体的温度变化，将这一被测量（即体温）转换为相应的电信号并输出。

然而，传感器输出的信号（电信号）可能伴随**噪声**（类似于收音机中的干扰杂音）。因此，需要通过适当的信号处理，将这些信号转换为计算机能够处理并显示的信息（数值）。

传感器既可以单独使用，也可以像电子体温计中那样，作为电子设备的一部分嵌入其中。此外，它还可以作为集成电路（IC）的一部分，与其他元件集成在一起。

综上所述，传感器既是一种"**功能**"，能够帮助我们感知并获取多种信息；同时，它也是一种"**装置**"，以实体形式存在于各类设备中。

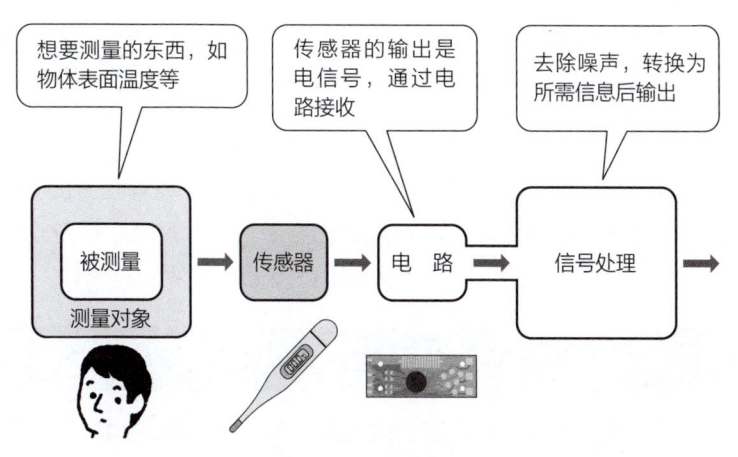

▲ 传感器的工作原理

第 10 讲 传感器千差万别

压电效应 ///　　　☑测量原理　☑压电效应　☑晶体

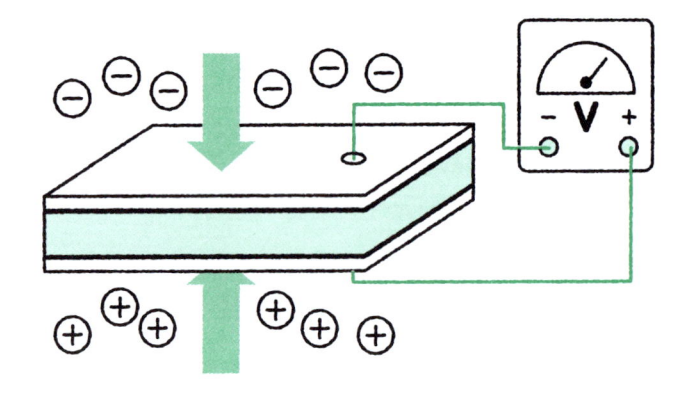

依据测量原理实现传感器

传感器到底能测量些什么呢？

事实上，任何能够被视为物理现象的事物，都可以通过传感器进行测量。依据测量对象对应的**测量原理**，就可以设计并实现相应的传感器。下面以"压电效应"为例进行说明。

压电效应

<u>压电效应</u>最早于 18 世纪被发现。当某种特定的材料（压电体）受到外部压力时，其内部的电荷分布会发生变化，从而产生

可测量的电压。**利用这种压电效应——"测量原理"，就能测量压力**了。

在许多情况下，对于同一类"测量对象"往往可以**基于不同的测量原理选择测量方法**（即存在多种传感器可用）。在实际应用中，人们通常会综合考虑测量精度、成本等多方面因素，选择最适合的传感器。

▼ 测量对象与测量原理的例子

测量对象	测量原理
温　度	金属温度引起的电阻值变化、塞贝克效应（热电偶）、辐射现象
压　力	压电效应、电阻膜方式、电容量变化、光纤的压力变化
接近性/位移	电位计、超声波、磁性、光电效应

能输出电压的晶体

关于压电效应，我们再详细说一说。

压力测量常常会使用"**晶体**"。这可能有点出乎你的意料，但晶体作为一种能输出电压的压电材料，很早就开始被人们使用了。现在使用的晶体大多是人工合成的，由于其耐热和抗冲击性强，稳定性非常高，所以在那些需要高精度测量的场合经常可以看到它的身影。

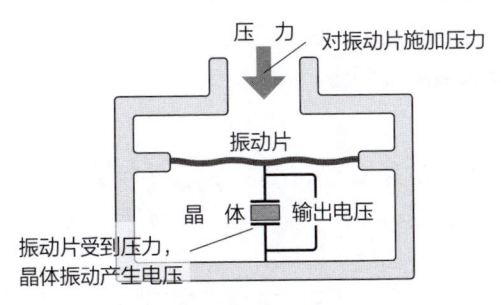

▲ 晶体输出电压的原理

第 11 讲 感官与传感器的奇妙对应

人类的"传感器"

☑ 感知功能　☑ 信息　☑ AI

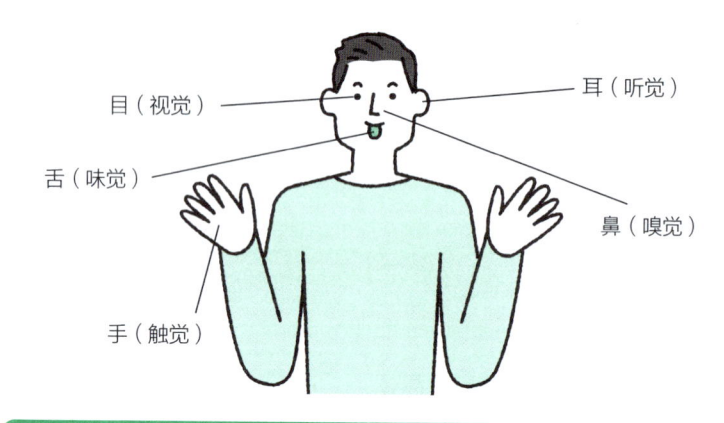

- 目（视觉）
- 舌（味觉）
- 手（触觉）
- 耳（听觉）
- 鼻（嗅觉）

感知功能与传感器

人类的**感知功能**依赖视觉、听觉、嗅觉、味觉和触觉五种感官，这些感官是我们感知世界的重要工具。基于这些感官，人类能够获取信息，并进行判断和理解。从信息获取的角度来看，**人类的感官是天然的传感器**。

❶ 视 觉

与人眼对应的是视觉传感器，**摄像头**就是其中的典型代表。相机分为可见光相机（如数码相机、智能手机的摄像头）和红外相机（可在黑暗中拍摄）。此外，相机中捕捉颜色和光强的**图像传感器**也属于视觉类传感器，它可以像眼睛一样记录画面细节。

第 11 讲 感官与传感器的奇妙对应

❷ 听 觉

人耳能听到各种声音,与之对应的听觉传感器有各种**麦克风**和**超声波传感器**。这类传感器能够捕捉声波,将空气的振动信号转化为可处理的电信号。

❸ 嗅 觉

鼻子能够感知气味,对应的嗅觉传感器有**气味传感器**和**气体传感器**。这些传感器模仿人类嗅觉,并结合人工智能技术,可精准识别不同的气味。

❹ 味 觉

舌头能够尝出酸、甜、苦、辣、咸等味道,对应**味觉传感器**和**糖度计**等。这些传感器可以量化各种味道,"测量"食品的味道特性。

❺ 触 觉

皮肤能感知触摸、压力等信息,对应的触觉传感器有**压力传感器**和**扭矩传感器**。这类传感器可应用于远程操作机器人,帮助完成复杂任务,如工程作业或精密手术。通过传递触感信息,机器人能够对周围环境产生类似皮肤的"感知"。

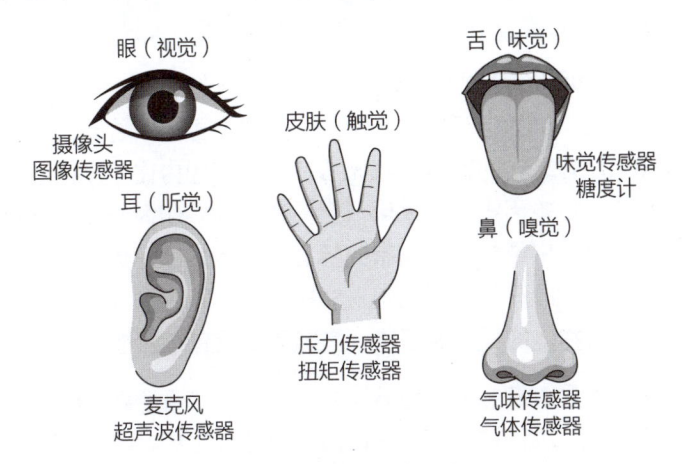

眼(视觉)
摄像头
图像传感器

舌(味觉)
味觉传感器
糖度计

皮肤(触觉)
压力传感器
扭矩传感器

耳(听觉)
麦克风
超声波传感器

鼻(嗅觉)
气味传感器
气体传感器

▲ 与人类感官对应的传感器

031

第 12 讲　传感器测量值的国际单位制表示

世界通用的单位制 ///　　　　☑ SI　☑ 国际千克原器

国际单位制（SI）

为了确保全球范围内测量的一致性，国际上制定了一套通用的单位体系，称为国际单位制（SI）。设立国际单位制的原因在于，**如果没有统一的标准，就无法在全球范围内比较测量结果**。举例来说，日本历史上曾采用"尺"和"贯"作为长度和质量的单位，但这些单位与其他国家的标准不一致，在国际贸易中造成了许多不便。国际单位制的引入解决了这一问题，确保**无论在哪里测量同一物体的长度或质量，其结果都具有一致性**。

有趣的是，在一些体育运动中，美国仍广泛使用非国际单位制的单位，如高尔夫球和美式橄榄球运动中常用的距离单位

第12讲 传感器测量值的国际单位制表示

"码",以及拳击比赛中用于表示体重的"磅"。这些单位并不属于国际单位制。

国际单位制与传感器的应用密切相关。传感器从测量对象捕获物理量,将其转化为可供分析的数值输出,而这些**输出数值通常以国际单位制表示**。因此,熟悉和理解国际单位制是学习和应用传感器的重要基础。

国际单位制的 7 个基本单位

目前,国际单位制有 **7 个基本单位**在世界范围内通用。

▼ 7 个基本单位

基本物理量	单 位	单位符号	基本物理量	单 位	单位符号
长 度	米	m	热力学温度	开 [尔文]	K
质 量	千克	kg	物质的量	摩 [尔]	mol
时 间	秒	s	发光强度	坎 [德拉]	cd
电 流	安 [培]	A			

除了这些基本单位,还有把它们组合起来表示物理量的组合单位。例如,用长度单位 m 除以时间单位 s 得到速度单位 m/s;用速度单位 m/s 除以时间单位 s 得到加速度单位 m/s^2。

千克的定义

以前,千克的定义基于**国际千克原器的质量**。

国际千克原器是一个直径和高度都约为 39mm 的圆柱形金属块,作为全球质量的标准被保存在法国。当时,在国际单位制中,"千克"是唯一以人造物体定义数值的基本单位,其他基本单位均基于普遍的物理量。

自 2019 年起,千克的定义改为基于普朗克常数,这是一种更精确、更科学的定义。

第 13 讲 只用 0 和 1 表示的数字信号

位表示 /// ☑传感器输出 ☑二进制 ☑bit

1 0 1 0

1011101010111110001010111 0001
1000001111110100110101010000
0001111011011100101101000 1011

传感器输入与输出

在第 11 讲中我们提到,传感器类似于人的感官,能够"感知"各种事物。传感器感知到某种反应,这一过程被称为**传感器输入**。传感器可以感知的测量对象种类繁多,如振动、温度、压力等。测量结果通常采用第 12 讲中介绍的国际单位制表示。而通过反应获取的物理量被转换为电信号的过程,被称为**传感器输出**,即将**传感器输入的物理量转化为电压、电流或电阻等形式的电信号**。

第 13 讲　只用 0 和 1 表示的数字信号

那么，这些通过传感器输出得到的电信号如何使用呢？例如，数字体重秤通过传感器感知压力，并将电信号转换为显示屏上的体重读数；扫地机器人则利用这些信号将自动化机械的状态信息传递给控制程序。

数字体重秤通过应变片得到模拟物理量（即传感器输出）。随后，体重秤内部的电子电路通过 A/D 转换器（模拟 / 数字转换器）将这些模拟物理量转换为便于处理的数字信号。

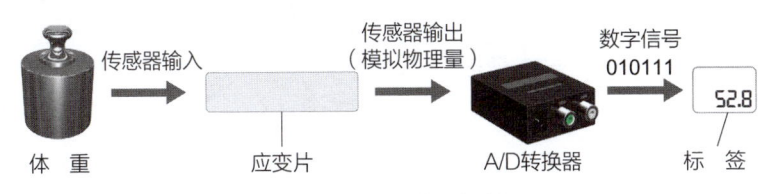

| 体　重 | 传感器输入 → 应变片 | 传感器输出（模拟物理量）→ A/D转换器 | 数字信号 010111 → 52.8 标　签 |

▲ 模拟信号的转换机制

处理传感器输入和输出的核心设备是计算机。计算机不仅应用于体重秤和扫地机器人，还广泛应用于电视、洗衣机等家电产品及其他机械设备中。模拟形式的电信号，需要通过 A/D 转换器转化为计算机能够处理的数字信号。在计算机的世界中，数字信号以**二进制**表示。

通过传感器输出，模拟信号会被转换为数字信号，即转化为二进制数。那么，模拟和数字的区别究竟是什么呢？我们将在下一讲具体讨论。在此之前，先简单了解一下二进制数的基本概念。

用二进制表示的整数值

在日常生活中，我们通常使用 0 ~ 9 这 10 个数字组成的十进制数来表示和计算数值。**但在计算机中，使用的是仅由 0 和 1 两种数字组成的二进制数**。

035

位　数	1	2	3
二进制数 （十进制数）	0（0）	00（0）	000（0）
	1（1）	01（1）	001（1）
		10（2）	010（2）
		11（3）	011（3）
			100（4）
			101（5）
			110（6）
			111（7）
能表示的数值数量	2	4	8

2 倍　　2 倍

▲ 二进制与十进制对照表

在计算机中，二进制的每一位被称为"比特"（bit），8bit（即 8 位）构成一个字节（Byte）。位数越多，就能越精确地表示传感器输出的数值。然而，位数越多，需要处理的数据量也越大，对计算机的性能要求越高。

通过这种方式，传感器获取的模拟信息经过转换，变成计算机能够处理的二进制数形式，最终呈现为我们所看到的测量值。

为什么计算机使用二进制？

计算机内部靠电信号进行运算，一根电线传输 1 位数字。如果采用十进制，尽管可以表示 0 ~ 9 这 10 个不同状态，但处理过程会变得复杂，且容易受到噪声的干扰，导致误差的出现。因此，计算机选择了结构更简单的二进制：**将电信号"导通"的状态设为 1，"未导通"的状态设为 0**。二进制的使用不仅简化了系统结构，还能快速处理大量信息。

实际上，在计算机内部，无论是图片、视频还是文档，各种信息最终都被转化为二进制形式来处理。此外，二进制还有一个显著优点，即抗干扰能力强。例如，本应为 1 的信号受噪声干扰减弱到 0.8，计算机仍可以识别为 1；而本应为 0 的信号增强到 0.2，也仍会被识别为 0。这种特性有效地减少了噪声干扰导致的误差。

历史上曾经存在过直接进行模拟运算的模拟计算机，但如今，使用仅包含 0 和 1 的数字信号的数字计算机已成为主流，几乎在各个领域都能看到它的广泛应用。

用二进制数表示字符

我们在显示器或手机上看到的字符，在计算机中也是用二进制来表示的。光看这些数值，我们根本不知道写的是什么。其实，每个字符都被分配了由二进制数组合而成的字符编码，计算机就按照这些编码进行处理，最后把它们显示成我们能看懂的字符。

01100001	**01100010**	**01100011**
a	**b**	**c**

▲ 二进制数表示"abc"

第 14 讲 模拟和数字，各有千秋

模拟与数字 ///　　　　☑模拟　☑数字　☑A/D 转换器

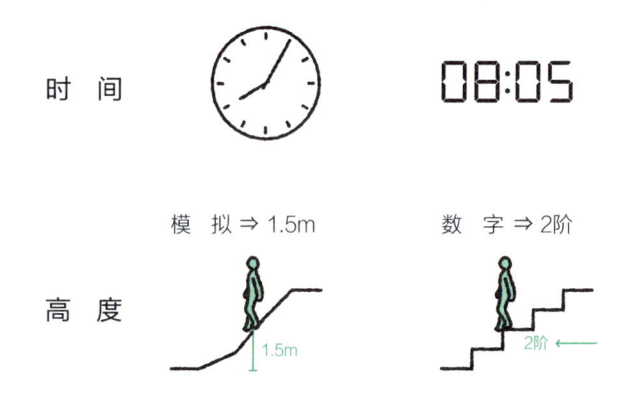

时　间

08:05

高　度　　模 拟 ⇒ 1.5m　　数 字 ⇒ 2阶

什么是模拟？什么是数字？

我们知道，传感器的输出通常以**电压、电流或电阻等电信号**的形式表示。而这些电信号，要通过电子电路**转换为计算机可以处理的形式**。在这个过程中，像电信号这样的模拟信号，会通过电路转换为计算机可以理解的数字信号。负责执行这种转换的器件被称为 **A/D 转换器**（模拟/数字信号转换器）。

模拟信号是**通过连续变化的量来表示信号、信息或现象**的。例如，钟表指针缓缓移动，海拔标志的逐渐升高与降低，这些均是模拟信号的典型表现形式。模拟信号可以表示任何微小的变化，是一种自然的、连续的数据表示方法。

相比之下，数字信号是**用离散的整数值来表示信号、信息或现象**的。正如我们在第 13 讲提到的，数字信号无法表示过程中的每一个连续变化，而是以间隔的方式表示。例如，数字时钟显示时间时，只会以"每秒"或"每分钟"的形式更新，而无法展示中间的细小变化。同理，在表示高度的例子中，电梯的高度通常被数字化为"层"。

模拟信号与数字信号的优缺点

▼ 模拟信号与数字信号的优缺点

	模拟信号
优 点	·能够瞬间、直观地掌握量 ·通过指针显示时刻、速度等信息
缺 点	·容易受噪声影响，去除它需要特别的处理 ·容易因复制、传输而产生劣化

	数字信号
优 点	·不易受噪声影响，去除容易 　→可以将 0.8 或 1.2 四舍五入为 1 ·不会产生保存、复制、传输上的劣化 ·可以恢复劣化
缺 点	·受噪声影响时可能无法呈现 　→ 0.4 或 1.6 四舍五入为 0 或 2，与实际值有差异 ·容易发生信息丢失 ·不能记录超出限定范围的值 ·存在量化误差（记录精度导致信息被四舍五入）

如今，越来越多的信息被数字化，主要是因为数字信号具有抗干扰能力强、易于保存和便于传输等优点。特别是相比于模拟信号，数字信号即使受到干扰，也可以通过特定的技术手段恢复，适合长期保存。

第 15 讲　将模拟信号转换为数字信号的采样

数字采样 ///　　☑样本　☑离散时间信号　☑采样间隔

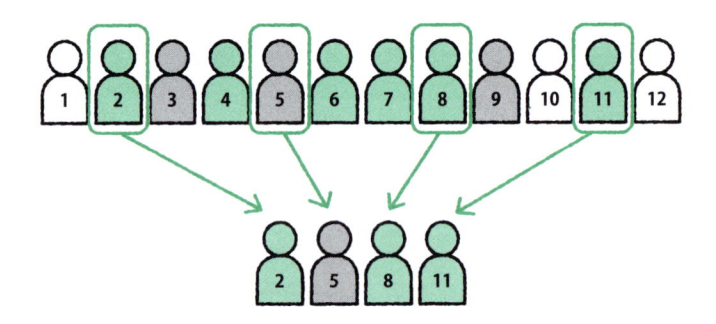

什么是采样？

采样，一般指从大量数据中抽取样本以进行统计调查的过程。不过，在第 14 讲所提到的模拟信号与数字信号之间的转换过程中，采样同样是一个至关重要的环节。

传感器与计算机之间的处理流程

下面以麦克风为例，来说明传感器如何测量信息，并将其处理后传送到计算机。

首先，声音是一种连续变化的信号，属于连续时间信号。麦克风会从这种模拟信号中提取一个个具体的离散值，从而生成离散时间信号。这个提取离散值的过程被称为**数字采样**。麦克风会

第15讲 将模拟信号转换为数字信号的采样

按照一定的时间间隔，定期测量信号并将采样结果传送给计算机。

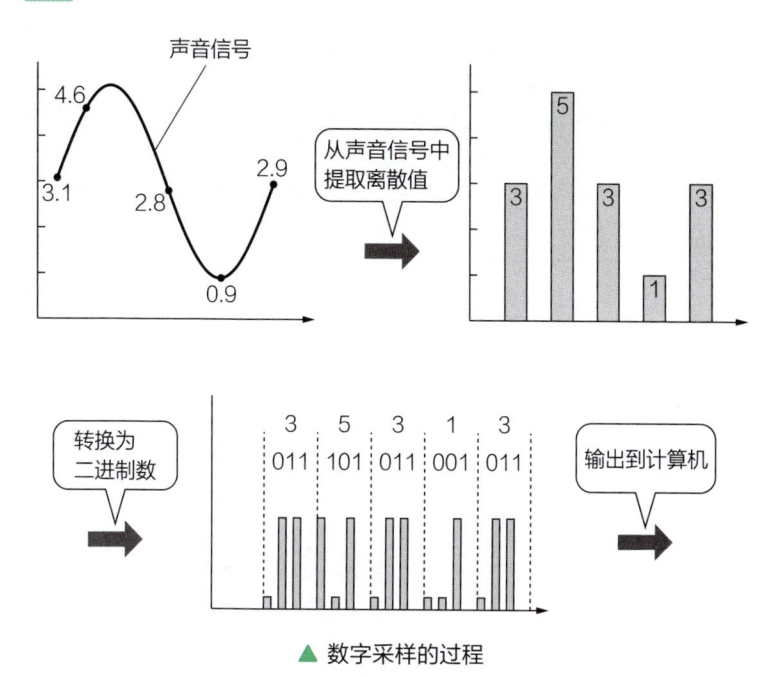

▲ 数字采样的过程

由于声音信号随时间发生变化，因此采样间隔的选择非常关键。

如果采样间隔较短，即采样频率较高，麦克风能更精确地捕捉信号的细微变化，但同时生成的数据量也会显著增大。

如果采样间隔较长，即采样频率较低，数据量减小，记录和处理更加简单，但可能会因为无法完整捕捉信号的变化过程，而导致记录的信号与原始信号有较大偏差。

因此，我们要根据实际的应用需求，权衡采样频率与数据量的关系，选择**合适的采样间隔**，以确保信号的准确性和数据的可处理性。

第16讲 传感器到底是由什么构成的？

传感器的基本结构 /// ☑电子电路 ☑无源传感器 ☑有源传感器

传感器的结构

传感器的主要功能是感知测量对象的物理量，将其转换为电信号，并传输至计算机等设备。传感器的基本结构通常包括以下几个部分。

❶ 感知部分（输入）

这是传感器用于**感知测量对象物理量**的部分。即使是相同的物理量，也可以通过不同的技术和方法进行感知。因此，应根据实际需求选择最合适的技术。

❷ 转换部分（电路）

负责将感知到的**物理量转换为电信号**。

第16讲 传感器到底是由什么构成的？

❸ 输出部分（电子电路）

包括 A/D 转换器等，是**与控制系统相连的电子电路**。

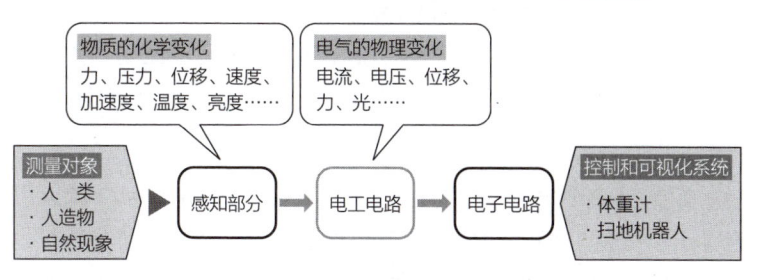

```
物质的化学变化                电气的物理变化
力、压力、位移、速度、         电流、电压、位移、
加速度、温度、亮度……           力、光……
        ↓                         ↓
测量对象                                         控制和可视化系统
・人 类     → 感知部分 → 电工电路 → 电子电路 →   ・体重计
・人造物                                          ・扫地机器人
・自然现象
```

▲ 传感器的组成

下面给大家举几个传感器所利用的物理原理的例子。

・电容的变化	・电感的变化	・电阻的变化
・霍尔效应	・电磁感应	・法拉第效应
・光电效应	・膨胀、变形	・压电效应（压阻效应）
・多普勒效应	・振荡器	・热电效应

被动传感器与主动传感器

根据工作时是否需要外部电源，传感器可以分为被动传感器和主动传感器两类。

被动传感器，也叫**无源传感器**，通过外部供能工作。例如，热敏电阻用于感知热量，光敏电阻用于感知光线的有无。第 4 讲提到的应变片也属于被动传感器。这些传感器的工作原理通常是测量物理现象引起的电阻变化。但需要注意，被动传感器要实现信号输出，必须从外部施加电压。

主动传感器，也叫**有源传感器**，通过内部自带的能量源工作。例如，通过发射红外线检测是否有闯入者的防盗传感器，检测人和车辆的超声波传感器。虽然主动传感器的种类相对较少，但其应用领域十分广泛。

专栏1　A/D 转换器的分辨率

以下通过一个检测电压的传感器实例来说明 A/D 转换的原理。当传感器输入的电压在 0 ~ 5V 时，A/D 转换器的输入范围就是 0 ~ 5V，而它的输出则是以二进制形式表示的输入电压值。

如果二进制表示只能使用 1 位（1bit），那么 A/D 转换器的输出值只有 0 和 1 这两种。在这种情况下，输入 0V 会转换为 0，输入 5V 则会转换为 1。若输入电压值介于 0V 和 5V 之间（如 2V 或 3V），输出会按照更接近的值进行"四舍五入"，如 2V 被转换为 0，而 3V 被转换为 1。

A/D 转换的精度，也就是能检测到的最小电压变化，被称为分辨率，其单位是"位"（bit）。如果 A/D 转换器的输出分辨率是 2 位，那么它会有 4 种可能的输出：00、01、10、11。

A/D 转换器的位数越多，分辨率越高，越能精确地表示模拟输入值的细微变化。然而，随着位数的增加，计算时间和所需的内存容量也会增加。因此，考虑精细度和处理便捷性之间的平衡时，A/D 转换器的分辨率成为一个重要的设计因素。

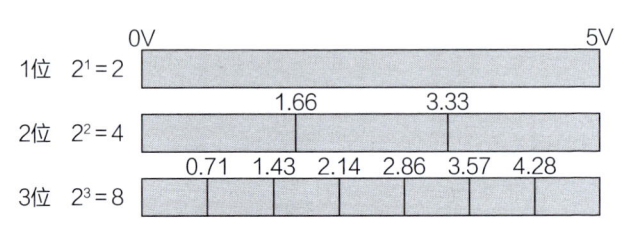

		0V							5V
1位	$2^1=2$								
2位	$2^2=4$			1.66			3.33		
3位	$2^3=8$		0.71	1.43	2.14	2.86	3.57	4.28	

▲ 3 位以内 A/D 转换的分辨率

第 3 章 用传感器检测位置和运动

在第 3 章里,我们将重点介绍能够检测位置或位移等物理量的传感器。虽然内容有些复杂,但我们会尽量以简单易懂的方式进行讲解,请大家慢慢学习。

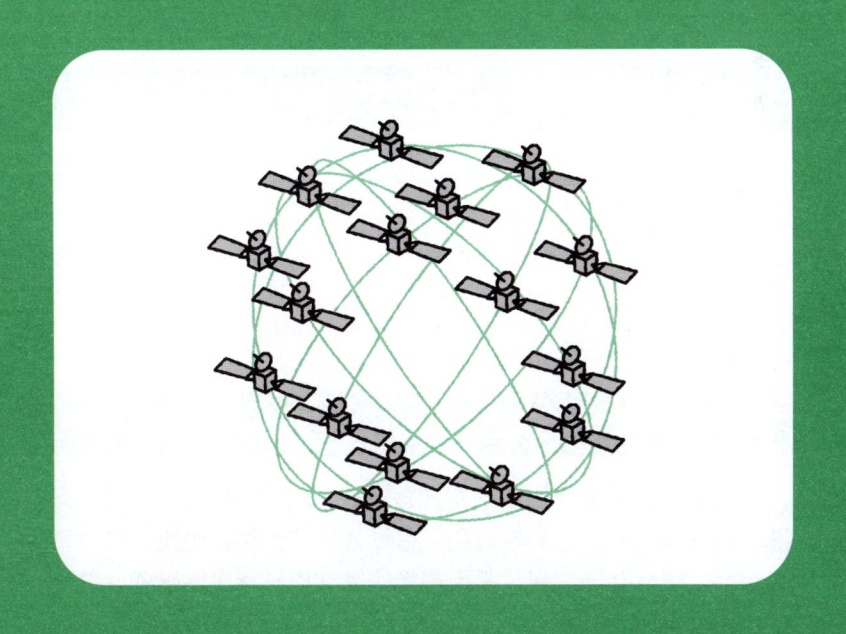

第17讲 编码器与工厂自动化

控制位置 ///　　☑编码器　☑位置控制　☑电磁感应式

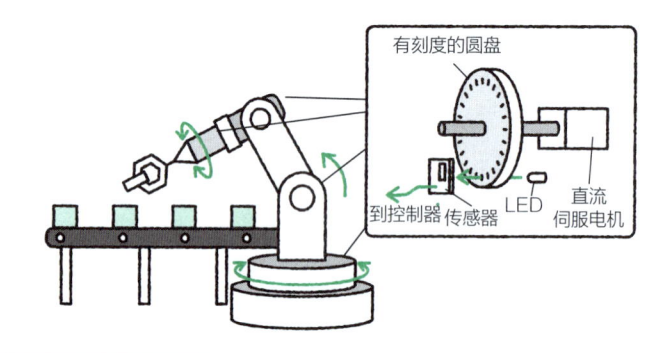

图中标注：有刻度的圆盘、到控制器、传感器、LED、直流伺服电机

什么是编码器？

编码器（encoder）能够**将物体的位置或运动转换为信号并进行编码（encode）**。通过编码器可以获取物体的位置信息，从而推测物体的移动速度、方向和加速度。作为一种高精度的位置控制传感器，编码器在办公设备、机床、工业机器人等领域得到了广泛应用。

编码器的检测方式

编码器检测物体运动的方式有多种，包括利用磁力的**磁编码器**，其成本低，适合简单应用；借助光线的**光学编码器**，具有较高精度，适合精细测量；采用小型线圈的**电磁感应编码器**；以及

第 17 讲 编码器与工厂自动化

利用旋转机械进行检测的**机械编码器**。其中,电磁感应编码器因其价格低廉且检测精度高,正在快速普及。

编码器的选择

检测位置和动作的编码器种类繁多,选择时要考虑以下方面。

- 监测对象的运动方式(直线运动或旋转运动)。
- 需要测量的物理量(位置、移动速度等)。
- 使用环境条件(温度、湿度等)。
- 测量所需的分辨率(精度要求)。

也就是说,需要综合考虑目的、使用环境及其他条件等各种因素选择最合适的编码器。

编码器的应用

在制造业中,编码器的用途非常广泛。

- **位置控制**:确保用于组装、切割、打孔等作业中的控制对象部件处于正确位置。

- **速度控制**:控制电机和传送带的速度,以实现稳定的生产质量。

- **反馈系统**:向控制系统实时反馈信息,提高精度和效率。

检测移动量的两种类型

编码器有两种检测移动量的类型。一种是检测角度或旋转移动量的**旋转编码器**(rotary encoder),另一种是检测直线移动量的**线性编码器**(linear encoder)。它们都能检测移动量,区别是什么?我们将在第 18 讲介绍旋转编码器,并在第 19 讲介绍线性编码器。

第 18 讲　检测旋转的专家

旋转编码器 ///　　☑角速度　☑加速度　☑发光二极管

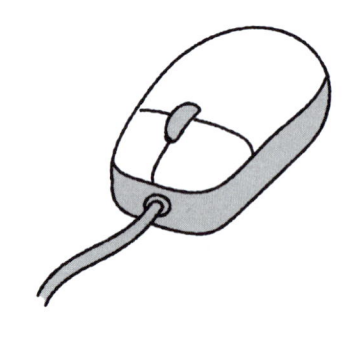

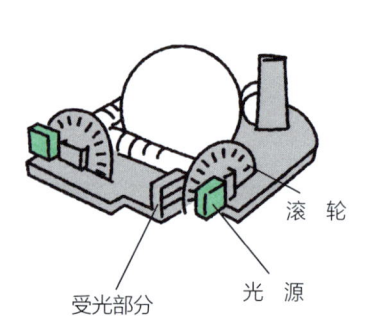

滚轮
受光部分
光源

什么是旋转编码器？

旋转编码器是一种专门用于**检测旋转轴上的位置或者位移**的传感器。以前那种带滚动球的鼠标,以及机械臂这种会旋转的机械都靠它来确定位置。**旋转编码器能够收集的信息包括角速度、位置、位移、方向和加速度。**

增量型 / 绝对型

旋转编码器根据原理可分为增量型和绝对型。

第 18 讲 检测旋转的专家

增量型（incremental）意指"增加的"。增量型旋转编码器通过读取小孔的数量来**检测相对于基准的增加量，即变化量**。而绝对型（absolute）则意味着"绝对的"。绝对型旋转编码**器读取的是绝对位置**。如图所示，不同位置能够读取的孔的形状各不相同，因此能确定每个孔对应的位置，从而检测绝对位置。

增量型　　　　绝对型

▲ 旋转编码器

光学编码器与磁编码器

接下来，我们将介绍第 17 讲提到的两种编码器：光学编码器与磁编码器。

光学编码器**利用发光二极管（LED）来"读取"角位移**，具有较高的精度，在工业领域得到了广泛应用。然而，它容易受到灰尘或油污的影响，导致无法准确读取角位移，并且在振动环境下也会受到干扰。

磁编码器则通过安装在旋转轴上的多个永磁体和固定的磁传感器来读取随旋转产生的磁变化，以确定角位移。磁编码器的优点在于其抗污能力强，适合在恶劣环境中使用。

第 19 讲　检测直线的专家

线性编码器 ///　　☑加速度　☑发光二极管　☑永磁体

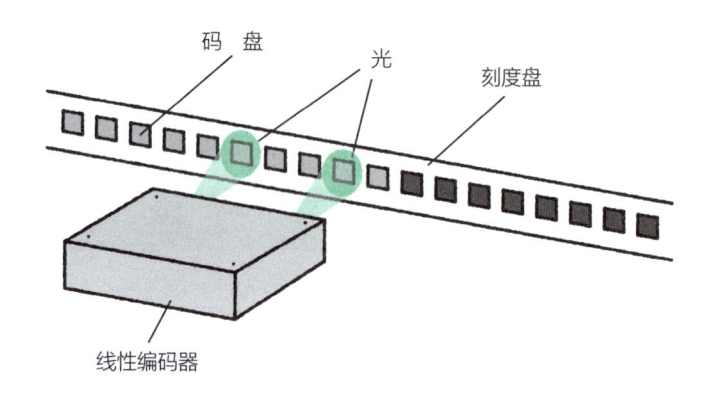

码盘　光　刻度盘

线性编码器

什么是线性编码器？

线性编码器是一种用于**检测直线运动位置或位移**的传感器。它在需要高精度位置控制的机床等设备中得到了广泛应用。**线性编码器能够提供位置、位移和加速度等信息。**

增量型/绝对型

与旋转编码器类似，线性编码器也分为增量型和绝对型两种。增量型编码器用于**检测相对于某个基准位置的变化量**，而绝对型编码器则为**每个位置分配一个唯一编码（绝对位置），能够直接识别当前位置**。

无论是旋转编码器还是线性编码器，增量型测量的是相对位置的变化，而绝对型测量的是绝对位置的变化。

光学编码器和磁编码器

与第 18 讲提到的旋转编码器类似，线性编码器也有两种常见的类型：光学编码器和磁编码器。

线性光学编码器**使用发光二极管（LED）来"读取"直线上的位置或位移**。这种光学技术的分辨率约为 5μm（微米），非常精确。然而，作为光学编码器，它对灰尘、污垢和振动比较敏感。

线性磁编码器**利用永磁体和磁传感器进行工作，通过磁传感器"读取"永磁体产生的磁场变化**，从而确定物体的位置和位移。与光学编码器相比，磁编码器不易受到灰尘、污渍和振动的影响，且价格相对更为亲民。以前磁编码器的精度通常略低于光学编码器，因此光学编码器的使用更为普遍。不过，最近线性磁编码器的精度有了显著提升，已经出现了一些能够非常准确地测量绝对位置的产品，未来可能会越来越受欢迎。

线性编码器的应用

线性编码器在多个领域都有重要应用，**集成电路制造设备**就是一个实例。在集成电路制造过程中，需要非常精确地控制晶片的位置和工作台的移动，利用线性编码器能够实现高精度的定位和速度控制。此外，电梯的准确楼层停靠和速度控制也使用了线性编码器，以改善乘坐体验并提高安全性。

第20讲 电磁波亦可作为传感器

穿越空间的电磁波 /// ☑电磁波 ☑电波 ☑信息传输

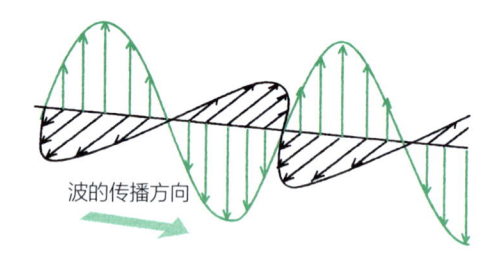

波的传播方向

直线传播的波——电磁波

电磁波是指**电场和磁场相互垂直并共同向前传播的波**。我们熟知的无线电波、电视信号、光、X射线等都属于**电磁波**。电磁波的波长(波峰与波峰之间的距离)决定了它的特性。

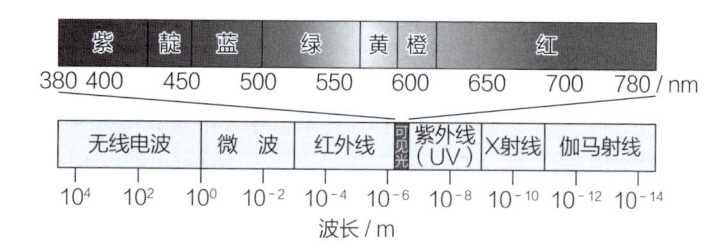

| 紫 | 靛 | 蓝 | 绿 | 黄 | 橙 | 红 |
| 380 400 | 450 | 500 | 550 | 600 | 650 | 700 780 /nm |

| 无线电波 | 微波 | 红外线 | 可见光 | 紫外线(UV) | X射线 | 伽马射线 |
| 10^4 | 10^2 | 10^0 | 10^{-2} | 10^{-4} | 10^{-6} | 10^{-8} | 10^{-10} | 10^{-12} | 10^{-14} |

波长 / m

▲ 波长决定光的颜色与分类

人类能看见的电磁波的波长范围(可见光)为380~780nm(纳米),不同的波长对应不同的颜色。波长超过

第 20 讲　电磁波亦可作为传感器

100μm（亚毫米波）的电磁波被称为无线电波，简称电波。电波根据波长可以进一步细分。

电波作为传感器的应用

电波在通信和广播中负责**传输信息**。但你可能想不到，它还能当作"传感器"来使用。

- 读取反射信息：向物体发射电波，并读取**反射信息**中携带的标识符，或者通过传感器获得的其他信息。例如，常见的 RFID 技术就使用了这一原理，许多商品的防盗标签亦依赖于此。

- 测量距离：利用电波的反射特性，通过**测量发射的电波反射回来所需的时间**，可以计算与物体之间的距离。就像我们对着山谷喊叫，根据回声返回的时间来判断山谷的距离，声呐就是利用这一原理进行工作的。

- 根据信号强度判断距离：电波在从发射到接收的过程中，随着距离的增加，接收到的电波强度（功率）会逐渐减弱。因此，可以**根据信号强度的变化来推测发射机与接收机之间的距离**。

- 检测物体存在和运动：当发射机与接收机之间有物体存在时，**无线电波之间会发生干涉并产生变化**，从而能够检测到物体的存在及其运动情况。

如果在多个地点进行上述操作，就像从不同角度进行观察，还能确定物体的具体位置。

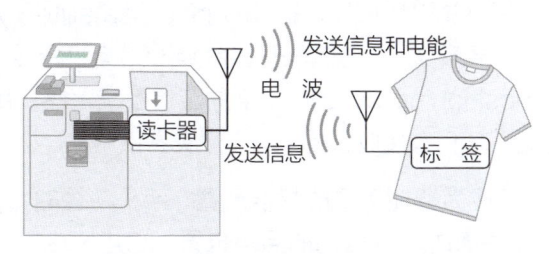

▲ 读取反射信息的原理（服装店自助收银）

第 21 讲

有了 GPS 就不会迷路

获取位置信息 ///　　☑人造卫星　☑GPS　☑三角测量

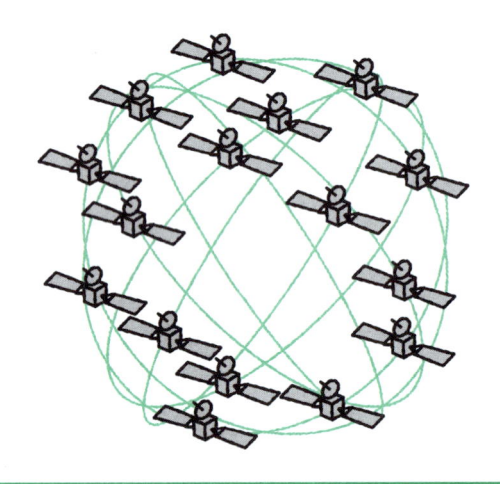

位置信息获取系统

如今，世界各国都在努力打造一种利用**人造卫星**获取位置信息的系统——GNSS（global navigation satellite system，全球导航卫星系统）。美国于 20 世纪 80 年代开发的 **GPS**（global positioning system，全球定位系统）最初用于军事目的，但现在任何有接收机的人都可以免费使用。

GPS 已成为智能手机的标准配置，手机内置的 GPS 传感器使我们能够随时获取自己的当前位置。它广泛应用于地图导

第 21 讲 有了 GPS 就不会迷路

航、儿童及老年人看护服务,以及基于位置信息的游戏等多个领域。

从人造卫星发出的电波

GPS 依赖于约 20 000 公里高空轨道上运行的 24 颗人造卫星(GPS 卫星)发射的电波。GPS 接收机需要接收 **3 颗及以上卫星发射的电波**。根据每颗卫星发射电波的位置和时间,可以计算出接收机与卫星之间的距离,再依据**三角测量**原理来确定自身位置。如果能够接收第 4 颗 GPS 卫星的时间信息,将有助于获得更精确的位置信息。

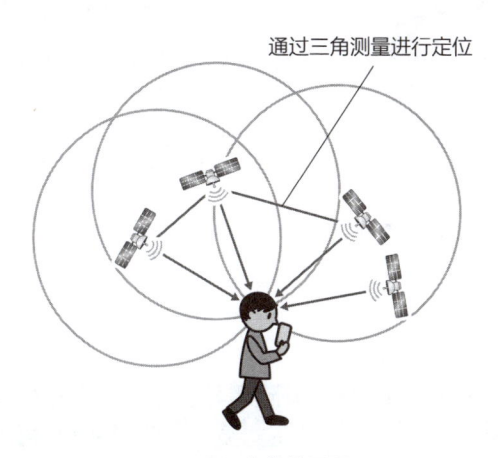

通过三角测量进行定位

▲ GPS 定位的原理

然而,在高楼林立的地方,**由于电波反射的原因,GPS 有时可能无法准确测量位置**。同样,在卫星电波难以到达的室内,GPS 也可能失效。在这种情况下,我们会使用 Wi-Fi 或第 22 讲介绍的超宽带(UWB)等其他电磁波技术来获取位置信息。

第 22 讲 UWB——超宽带

本地数据通信 /// ☑ UWB ☑ 无线通信技术 ☑ 频带

无线通信技术——UWB

UWB（ultra-wideband，超宽带）是一种利用极宽频带的**无线通信技术**。通常，**频段**是宝贵的无线电资源，政府会严格规定每个频段的用途。然而，UWB 被允许在已经分配给其他用途的频段中使用，其带宽可达几百兆赫兹（MHz）以上。

那么，为什么 UWB 可以使用那些已经分配给其他用途的频段呢？这是因为 UWB 的输出功率非常小，仅能在大约 10m

第 22 讲　UWB——超宽带

的本地范围内进行通信。由于范围有限，UWB 不会影响其他已有用途频段的正常使用。

一般而言，UWB 向空间发射的无线电信号是短时间的脉冲信号。脉冲信号类似于心跳，在短时间内经历大幅变化。这种信号包含了许多频率成分，因此其频率范围非常广泛。

使用 UWB 的产品

利用 UWB 通信范围非常窄（仅约 10m）的特点，市面上出现了一些寻找失物的产品，如苹果公司的 AirTag（定位器）。当你丢失了挂有 AirTag 的钥匙时，可以使用 iPhone 来定位 AirTag，从而找到钥匙。

其原理是，iPhone 发射脉冲信号，挂在钥匙上的 AirTag 会作出反应。根据 AirTag 反馈的信息，**iPhone 上的传感器接收 AirTag 发出的电波**，从而确定定位器的位置。

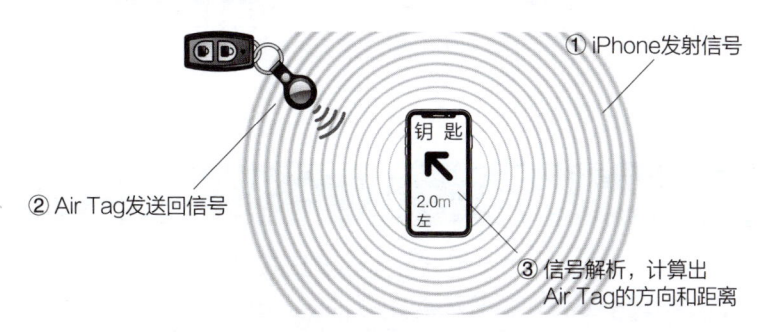

① iPhone发射信号

② Air Tag发送回信号

钥匙 2.0m 左

③ 信号解析，计算出 Air Tag的方向和距离

▲ 使用 UWB 定位的原理

此外，iPhone 不仅能识别自己的 AirTag，还可以借助苹果公司网络收集到的 AirTag 信号，了解远处 AirTag 的位置。

第 23 讲 蓝牙实现了无线连接

近距离数据通信 ///　　☑无线通信技术　　☑IoT 技术　　☑信标

蓝牙技术

蓝牙（Bluetooth）是一种**无线通信技术**，于 1999 年首次发布。相较于 Wi-Fi，蓝牙更节能，主要用于近距离通信。蓝牙最初用于手机的无线耳机和游戏机，而如今已广泛应用于各类场景。2009 年推出的低功耗蓝牙（BLE）技术大幅降低了功耗，广泛运用于智能手机。对于将家电产品等设备连接到互联网并赋予它们通信功能的**物联网（IoT）技术**，BLE 也是不可或缺的。我们能够佩戴蓝牙耳机听音乐、使用智能家电，正是因为这些耳机和家电产品配备了蓝牙兼容的传感器。

第 23 讲 蓝牙实现了无线连接

蓝牙主要用于近距离数据通信。由于功耗低,信号传输距离相对较短。与第 22 讲介绍的超宽带(UWB)技术类似,**蓝牙也可用于近距离定位**。

BLE 信标

BLE 信标以蓝牙发送设备为基准点,通过接收这些设备发出的蓝牙信号,判断接收设备(如智能手机)是否在信号覆盖范围内。

信标是一种定期通过无线方式发送信号的终端设备(基站)。当智能手机接收到信标发送的 BLE 信号时,可以判断智能手机是否处于信标的通信范围内。

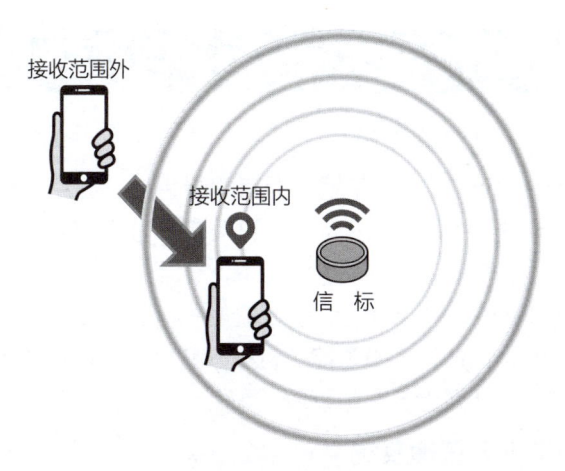

接收范围外

接收范围内

信标

▲ BLE 信标

利用这一点,商铺可以向到店顾客的智能手机发送信息,并通过与店内设备联动,发放店铺特有的优惠券。即使在 **GPS 信号无法到达的室内,也能实现通信功能**,这是 BLE 信标的一大优点。

第 ❸ 章
用传感器检测位置和运动

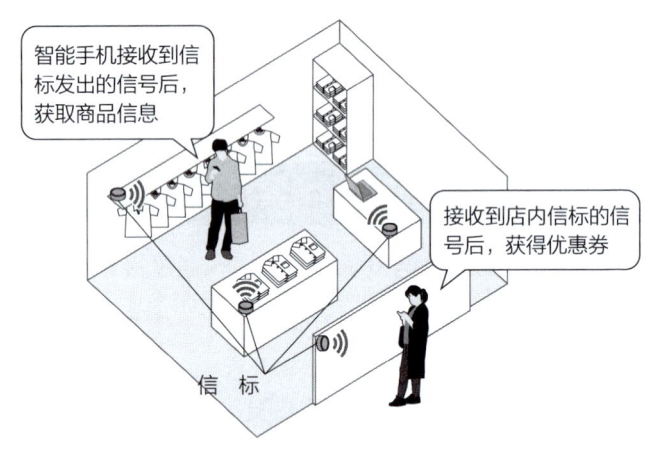

智能手机接收到信标发出的信号后,获取商品信息

接收到店内信标的信号后,获得优惠券

信　标

▲ 利用信标的服务

BLE 信标的应用

❶ 大学的出勤管理系统

目前,90% 以上的年轻人拥有智能手机。利用智能手机的 BLE 信标进行大学课程出勤管理的系统已有应用。注册智能手机的 ID(准确来说是 MAC 地址),一旦检测到包含该 ID 的 BLE 信标,就意味着其所有者(即学生)在 BLE 信标接收机附近(即出勤)。通过判断智能手机在教室内,便可以认定其持有者在教室中,从而进行出勤管理。

❷ 办公室出入管理系统

前述的出勤管理系统同样适用于办公环境。通过提取员工所持智能手机的 ID,可以判断员工的位置,辅助进行座位管理(识别哪些座位为空)以及办公室或会议室的出入管理等。

❸ COCOA

在新冠疫情期间,日本推出了一款名为 COCOA 的应用程序用于密接查询。当两部运行 COCOA 的智能手机进入通信范围时，BLE 信标能够相互识别附近的智能手机，作为判断密接的依据。

❹ 导航系统

在美术馆、博物馆等场所，利用 BLE 信标实时获取位置信息，并在适当时机为参观者提供导航服务。例如，当参观者携带已注册应用的智能手机进入某件艺术品附近的 BLE 信标接收范围时，就会播放语音导览。这种情况展现了蓝牙通信范围较窄的特点。

正如以上例子所示，蓝牙被广泛应用于多种系统中。

蓝牙的缺点

尽管蓝牙为我们的生活带来了诸多便利，但它也并非完美。首先，两台蓝牙设备在通信之前需要先进行"配对"，即设备首次连接时的注册过程。其次，由于蓝牙连接非常方便，安全性方面存在一定的风险。另外，由于蓝牙版本的兼容性问题，有时设备之间可能会出现无法连接的情况，这需要在未来予以改进。

第24讲 用毫米波探测周围环境

毫米波雷达 /// ☑毫米波 ☑衍射现象 ☑成形

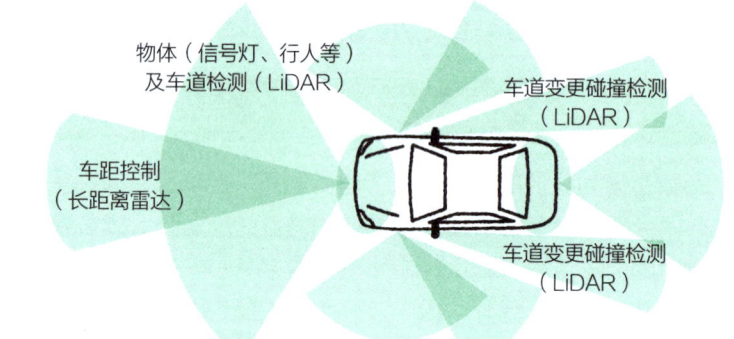

物体（信号灯、行人等）
及车道检测（LiDAR）

车道变更碰撞检测
（LiDAR）

车距控制
（长距离雷达）

车道变更碰撞检测
（LiDAR）

电磁波的种类和特点

在第 20 讲中，我们了解到，波长在 100μm 以上（频率在 3THz 以下）的电磁波，通称为无线电波，简称电波。**根据波长（频段）的不同，电波被用于各种不同的用途**。波长越短（频率越高），电磁波的直线传播性（电波直线前进的性质）越强，其信息传输容量也越来越大。

需要注意的是，我们不能随意发送电波，否则会在特定频段产生干扰，影响其他用途服务的正常运行。除了一部分可以自由

第24讲 用毫米波探测周围环境

使用的频段，使用特定频段需要获得许可或按照规定的程序进行。

▼ 各频段电波的特点

名称及频段	波　长	用　　途
超长波（VLF） 3～30kHz	10～100km	海底探测等
长波（LF） 30～300kHz	1～10km	船舶、航空用信标，电波时钟等
中波（MF） 0.3～3MHz	100～1000m	船舶通信、调幅广播等
短波（HF） 3～30MHz	10～100m	短波广播，船舶、航空无线电等
米波（VHF） 30～300MHz	1～10m	调频广播、警察、消防无线电等
分米波（UHF） 0.3～3GHz	0.1～1m	移动电话、电视广播、雷达等
厘米波（SHF） 3～30GHz	1～10cm	广播中继、无线局域网、雷达等
毫米波（EHF） 30～300GHz	1～10mm	卫星通信、雷达等
亚毫米波 0.3～3THz	0.1～1mm	天文观测等

毫米波的特点

毫米波是指波长为1～10mm的电波，即30～300GHz的频段。波长越短，其直线传播性越强，**衍射**（电波绕过障碍物到达其背后）则越弱。对于手机电波，弱衍射是一种缺点。但在某些情况下，弱衍射（即高直线传播性）具有明显的优点，因此毫米波被广泛用于雷达。

毫米波雷达的特点包括"不受太阳光影响""对雨和雾的穿透性高""能够检测观测对象的相对速度""能够监测150m

以外的距离"。现代**汽车搭载毫米波传感器**作为防撞手段，实时监测周围环境。

波束成形

波束成形是一种功能，能够检测设备的位置和距离，并向特定方向发射与之相匹配强度的电波。当多个接收天线聚集在一起接收反射波时，反射波到达各个接收天线的时间会有所差异，这种**时间差会以相位差的形式表现出来**。在合成接收信号（反射波）时，我们可以通过移相器进行调整，从而推测出目标物体的方向。

通常情况下，天线的长度会随着电波波长的变化而变化。然而，利用波束成形的原理，我们能够减小天线的尺寸。波束成形在自动驾驶技术中发挥着重要作用。通过精准地确定电波的方向，**波束成形被用于优化传感器和通信设备的性能**。通过准确地指向电波，汽车能够更有效地与其他车辆、道路上的障碍物，甚至交通信号灯等基础设施进行通信。这对于正在进行自动驾驶的汽车了解周围环境、确保安全行驶至关重要。

在车载通信系统中，波束成形与 5G、6G 等高速无线通信技术相结合，可能推动汽车行业的创新进步，使车辆之间的连接更加顺畅，自动驾驶技术更安全，交通管理系统更智能。此外，这项技术同样应用于手机和无线通信等领域。

支持 5G 的智能手机使用了毫米波段。5G 基站通过波束成形，可以直接将信号发送给特定用户的智能手机。这样，不仅信号传输距离更远，障碍物对信号的影响也减小，同时信号能够集中朝着特定终端的方向发送，从而提高数据传输速率。此外，波束成形使基站能够将信号传递到比传统全向天线更远的地方，扩大单个基站的覆盖范围。

第 24 讲 用毫米波探测周围环境

反射波

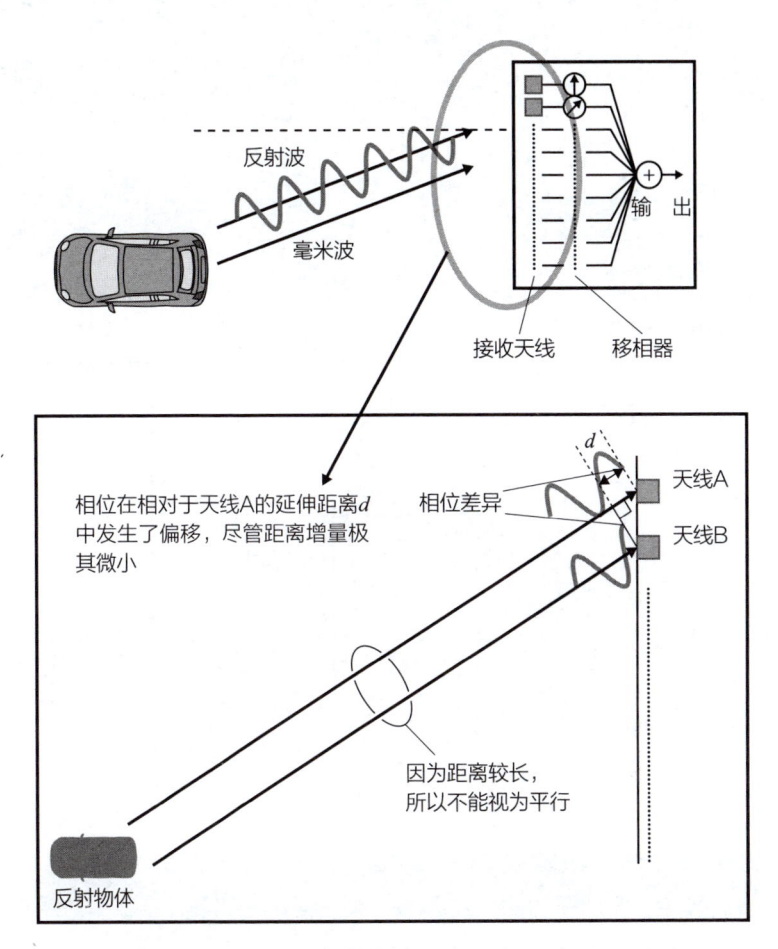

毫米波

接收天线　移相器

输 出

相位在相对于天线A的延伸距离 d 中发生了偏移,尽管距离增量极其微小

相位差异

天线A
天线B

因为距离较长,所以不能视为平行

反射物体

▲ 波束成形的原理

第 25 讲　利用光测量位置

光的位置测量 /// ☑ PSD　☑ 入射光　☑ 电极

PSD

在各种位置测量技术中，利用光进行测量的方法因其高精度而受到广泛关注，这在第 2 章中也有提及。以往，利用光进行测量时需对图像进行扫描（将电信号转换为像素集合以构成图像），但扫描存在一个缺陷——会导致采样频率下降。为了解决这一问题，人们发明了基于光的位置测量传感器，即 PSD（position sensitive device，位置敏感探测器）。

接下来，我们将探讨利用光测量位置的工作原理和应用。

第 25 讲 利用光测量位置

利用光进行位置测量

在 PSD 中，从物体反射回来的光被视为**入射光**。分别在光入射侧和非入射侧（公共电极）设置**电极**。当光照射到 PSD 时，根据透镜侧电极接收到的光量，电极表面会产生电流。通过对这些电流的分析，可以计算出物体的入射角度，同时也能得知**物体到 PSD 的距离**。

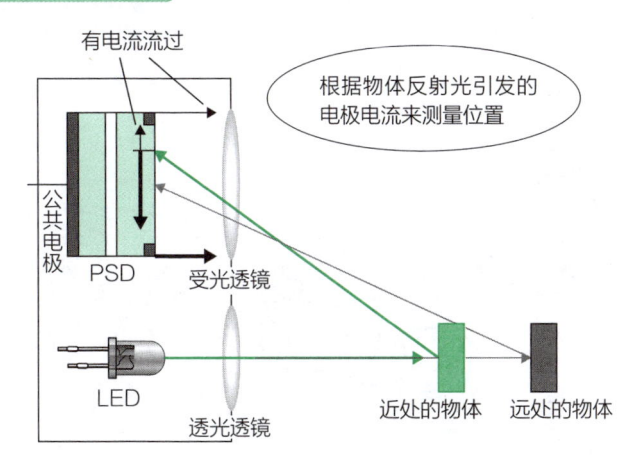

▲ PSD 的位置测量原理

通过以上方法，可以利用光进行位置测量。

PSD 的应用非常广泛。例如，它可实时监测激光束的位置，适用于激光加工、医疗激光治疗及科学研究中的光束位置控制等需要对激光进行精准位置控制的场合。

此外，在建筑工地的地形测量和建筑物测量中，PSD 的高精度距离测量为绘制精准地图和制定建筑计划提供了重要支持。

第26讲 基于多普勒效应实现的球速测量

测量速度 ///　　☑多普勒效应　☑频率　☑波长

多普勒效应

你是否注意到,在棒球比赛中,投手投出的球速会显示在球场的大屏幕或电视转播画面上?这些数据是如何获得的呢?实际上,这是通过一种被称为"测速仪"或"雷达枪"的设备采集的,而其原理正是**多普勒效应**。

多普勒效应是指当观察者或测量对象处于移动状态时,声音或光波的频率会发生变化的现象。举例来说,当救护车靠近或远

第 26 讲 基于多普勒效应实现的球速测量

离我们时，我们听到的警笛声音的音调就会有所不同，这是因为频率发生了变化。

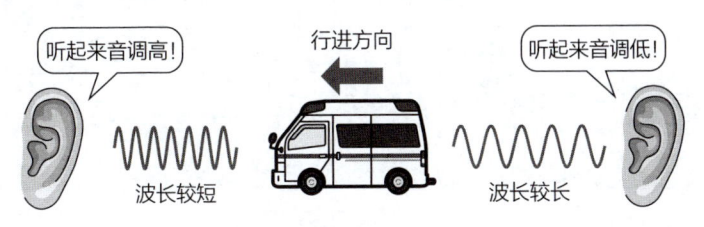

▲ 多普勒效应导致的听觉差异

多普勒传感器

用于测量棒球球速的测速仪通过向移动的物体（如投手投出的球）发射电波，然后根据发射波与反射波之间的频率差来计算物体的速度。**球速越快，频率差越大**。

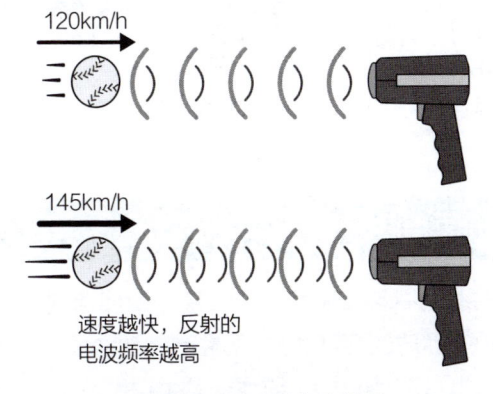

▲ 速度导致的电波频率差异

除了测速仪，多普勒传感器还用于抓拍超速车辆的测速摄像头等设备中。

第 27 讲 测量加速度就知道步数了

测量速度变化 ///   ☑加速度   ☑瞬时速度   ☑瞬时位移

倾斜检测   振动检测   航　行

冲击检测   动作检测   手势检测

什么是加速度？

加速度是用来表示速度变化快慢（即加速或减速）的物理量。当物体的速度发生变化时，就会产生加速度。例如，从静止状态开始，10s 内加速到时速 80km 和 5s 内加速到时速 80km，这两种情况下的加速度是不同的。加速度的单位是"m/s^2"。由于地球的重力加速度约为 $9.81m/s^2$，因此我们常用 1g 来表示重力加速度的大小。

加速度传感器

加速度传感器是一种能够在三维空间内测量物体直线加速度或振动的传感器,也称为**加速度计**。通过对加速度传感器的输出数据进行时间积分,我们可以得到物体的瞬时速度。再进行一次积分,还可以计算出瞬时位移(位置的变化,即移动距离)。因此,它在检测物体在空间中的运动量和运动速度(以何种周期移动)方面非常有用。

大多数情况下,加速度传感器可以分为机械和电子两部分。机械部分检测传感器内部重物的加速度,电子部分则对信号进行分析和处理。加速度传感器广泛应用于智能手机、飞机、智能手表等方面。

▼ 加速度传感器的应用示例

检测的现象	应用示例
重 力	平板电脑或智能手机的倾斜、座椅调节等
振 动	机械的异常振动、桥梁的交通流量监测等
冲 击	汽车碰撞或刹车记录等

一般来说,测量范围在 $20g$ 以下的加速度传感器属于低重力加速度类型,超过 $20g$ 的属于高重力加速度类型。低重力加速度传感器常常用来检测重力、振动及人的动作等,而高重力加速度传感器主要用于检测冲击。

加速度传感器的四种类型

❶ 压阻式

这是最常见的一种,它利用压阻元件受力变形时电阻值变化的特性,通过安装在弹簧上的压阻元件来检测由弹簧支撑的重物的位移。这种类型的结构比较简单，在四种方式中体积最小、成本最低，但精度相对较差。常被用于游戏设备和便携设备等小型设备。

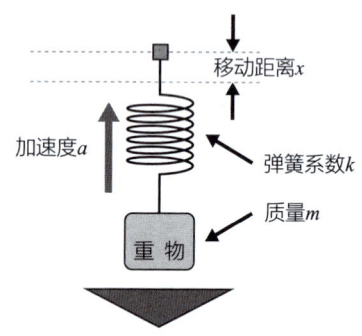

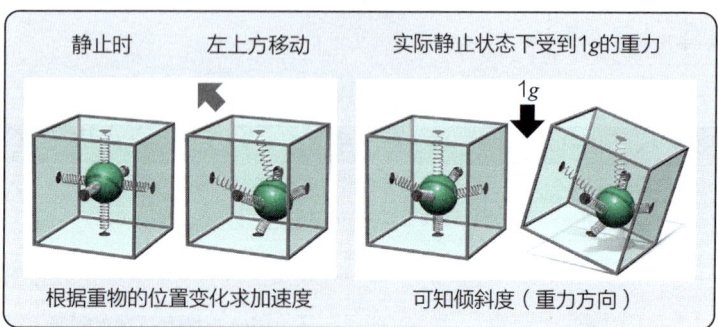

由加速度产生的作用力（$m \times a$）和弹簧所受的力（$-k \times x$）相等

▲ 压阻式加速度传感器的工作原理

❷ 频率变化式

预先使压电元件在共振频率下振动，然后检测其频率变化。由于能够检测微小的变化、长周期振动及微小的位移和角度，适用于需要分析和诊断结构劣化和损伤的结构健康监测、地震监测及环境振动测量等工作。

第 27 讲 测量加速度就知道步数了

❸ 电容式

顾名思义,电容式加速度传感器是通过检测电容变化来工作的。它由可动电极、固定电极、重物和弹簧构成。当重物移动时,可动电极和固定电极之间的电容就会改变,从而可以求出加速度。这种传感器具有良好的温度特性,精度相对较高,适合测量低加速度。此外,它还容易实现自我诊断功能,因此在汽车的车身控制、机械姿态控制等方面应用广泛。由于体积小、价格便宜,物联网领域对电容式加速度传感器的需求也日益增多。

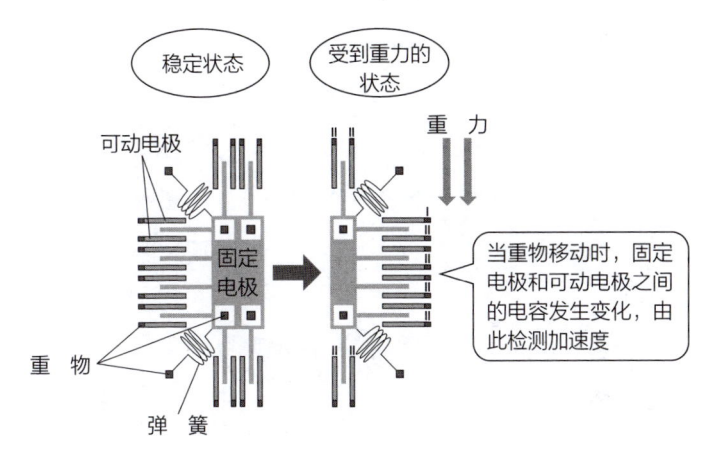

▲ 电容式加速度传感器的工作原理

❹ 热检测式

通过检测温度,测量电阻的变化,来感知传感器内部被加热的气流因加速度而产生的变化。热检测式加速度传感器没有机械可动部件,因此抗冲击和振动的能力较强。尽管价格相对较低,但其在检测高频振动和急剧加速度变化方面存在局限性。因此,它的用途有限,主要用于在高温环境中测量飞机或汽车发动机的加速度,以监测发动机的状态。此外,热检测式加速度传感器也用于汽车安全系统中,如安全气囊展开系统等。

第 28 讲 利用地球自转的传感器

测量旋转速度 ///   ☑角速度   ☑科里奥利力   ☑惯性力

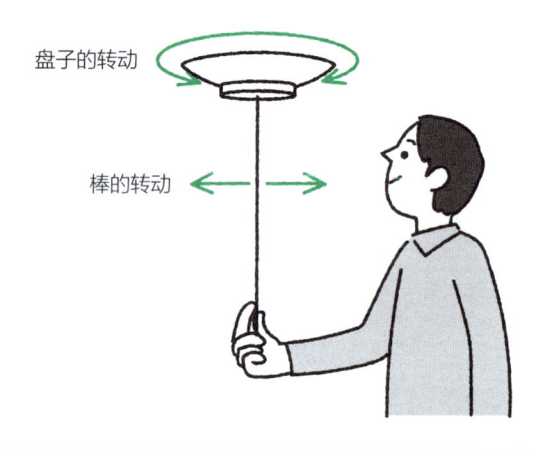

盘子的转动

棒的转动

什么是角速度传感器?

角速度传感器是一种**测量旋转速度的传感器**,也称为陀螺仪传感器。在第 7 讲介绍平衡车搭载的传感器时,我们简单提到过**角速度传感器**,现在作进一步讲解。角速度传感器利用了这样一种现象:当物体受到旋转的力时,会在力的方向和与之垂直的方向上产生**科里奥利力**。角速度传感器就是通过检测这个力来测量旋转速度的。科里奥利力是指"在旋转物体上运动的物体,看起来好像受到了力的作用"的现象,实际上它是一种表观力(惯性力),是由地球自转引起的。

角速度传感器检测到的值用"度/秒"（rad/s）表示。此外，对角速度传感器输出的信号进行时间积分，还能计算出角度。因此，它是一种**有效检测空间中物体的方向、方位和姿态的传感器**。

角速度传感器的四种类型

❶ 振动式

通过让元件振动，**测量元件受到的科里奥利力**来检测角速度。由于可以采用 MEMS（微机电系统）技术制造，因此在许多电子设备中都能看到它的身影。例如，游戏控制器中装有角速度传感器，可以准确地将玩家手部的动作反映在屏幕上。

❷ 机械式

也称为旋转式。当给旋转的陀螺或圆盘等物体施加一个使其倾斜的力时，会产生一种想要恢复到原来状态的惯性力。通过**检测这个惯性力**，就可以计算出原本使其倾斜的力的角速度。这种传感器常用于机器人的关节部位，从而使机器人能够实现平稳而精确的动作。

❸ 流体式

旋转产生的角速度会导致科里奥利力的产生，因此传感器通过**检测内部流动气体因科里奥利力而产生的偏移**来求解角速度。这种角速度传感器常用于卫星和宇宙飞船的姿态控制，通过获取角速度数据，实现卫星的精确轨道控制和姿态保持。

❹ 光学式

在旋转的圆形光路中，光沿着不同方向环绕一周所需的时间会有所差异。通过**检测这个时间差**，就可以求出角速度。

专栏2　什么是陀螺效应？

旋转的物体具有一种有趣的性质，即它会努力保持其旋转轴的方向。此外，当有外力试图改变旋转轴方向时，旋转轴会朝着与外力垂直的方向移动。这两种性质被称为**陀螺效应**。陀螺是陀螺效应的一个典型例子。当我们转动陀螺时，它的轴会稳稳地保持在一个特定方向上，不容易改变，这就是陀螺效应的特征。通过旋转陀螺，能够保持其旋转轴在特定方向上的特性。

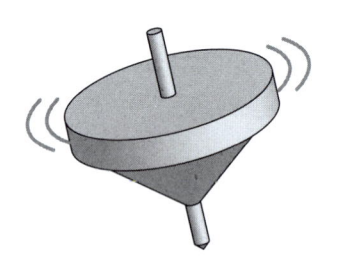

▲ 陀螺效应的例子（陀螺）

在陀螺效应中，因为施加角速度而产生外力，因此只要**检测这个外力，就可以得到角速度**。

另一种利用陀螺效应的设备是陀螺仪。陀螺仪内部有一个高速旋转的圆盘或轮子，这个旋转体会产生陀螺效应。陀螺仪在许多领域都有应用，如飞机的导航装置、船舶的稳定系统、智能手机的方向感知、电子游戏的控制器等，都能借助它精确测量位置和方向。

第 4 章　用传感器测量距离与识别物体

在前面的第 3 章中，我们学习了如何通过传感器确定位置和测量物体的运动。然而，传感器的应用远不止于此。在第 4 章中，我们将认识用于测量距离与识别物体的传感器。

第29讲 人耳听不到的超声波

测量物体的距离 ///   ☑超声波 ☑频率 ☑传播能力

什么是超声波？

超声波是一种通过空气分子等媒介传播的声波。一般来说，人耳只能感知到频率在 20Hz ~ 20kHz 的声波（声音）。超过 20kHz（也就是人耳的可听范围）的振动波被称为超声波。**不管是声波还是超声波，本质上它们都是振动**，所以它们都需要在空气等介质中传播，在真空中是没办法传播的。

不只有人类在利用超声波，像蝙蝠和海豚这些动物也在使用。蝙蝠和海豚能够自己发出超声波，然后根据超声波反射情况了解周围的环境。

第 29 讲　人耳听不到的超声波

超声波还能当作传感器来使用,可以测量距离,也能识别物体。

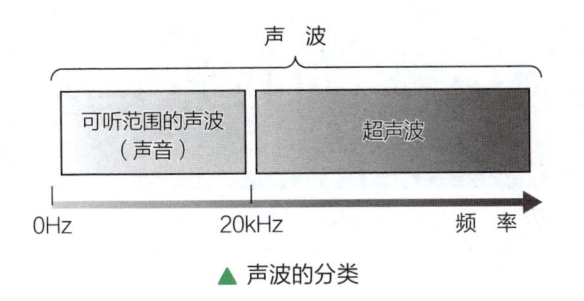

声波

| 可听范围的声波（声音） | 超声波 |

0Hz　　　　　20kHz　　　　　　　频率

▲ 声波的分类

作为传感器使用的超声波

那为什么超声波可以当作传感器使用呢?超声波是声波的一种,具有遇到物体就会反射的性质。如果我们知道发出的超声波从物体反射回来所需的时间,就能计算出物体到传感器的距离。不过,声波和电波也有这个反射的性质,那么为什么只有超声波能用作传感器呢?这是因为**超声波与声波、电波不同,它在水、金属等介质里的传播能力比在空气中更强**。所以,超声波被用于胎儿的超声波诊断、土木建筑等内部损伤的无损检测(参照第30讲),在渔船上被用于鱼群探测(参照第31讲)。

▼ 传播声波、超声波的介质

	真　空	气　体	水	金　属
声　波	×	○	◎	○
超声波	×	△	◎	◎
电　波	◎	◎	△	×

○ 表示可以在该媒介中有效传播。
△ 表示在该媒介中的传播效果较弱或有所限制。
× 表示无法在该媒介中传播。
◎ 表示在该媒介中的传播效果较好。

第30讲 利用超声波生成胎儿图像

识别物体 ///　　☑超声波诊断　☑无损检测　☑反射波

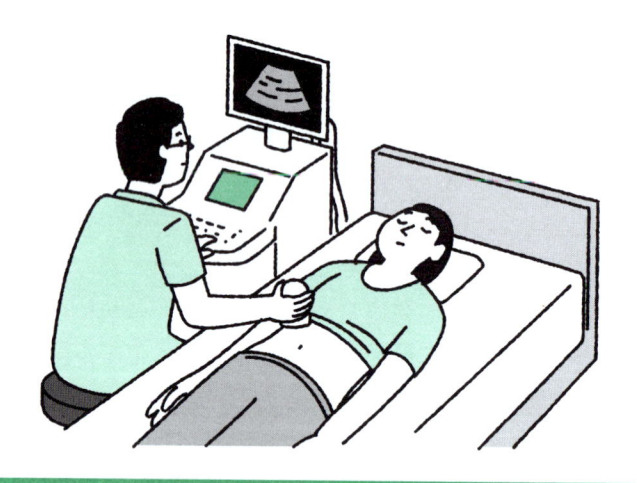

胎儿超声波扫描

在第 29 讲中,我们了解到可以利用超声波的反射进行超声检查。一个常见的实例就是胎儿**超声波扫描**。

胎儿超声波扫描利用了胎儿身体不同组织对超声波的通透性(**声学阻抗**)不同的特性,生成孕妇子宫内胎儿的图像。通过这个图像,医生能够了解胎儿的成长和发育等妊娠情况。

第30讲　利用超声波生成胎儿图像

无损检测

接下来，我们来看看超声波在**无损检测**中的应用。顾名思义，无损检测可以在不拆解物体的情况下检测物体内部的状况。

假设有一块金属板的内部存在缺陷（损伤）。从超声波发射装置（换能器）发出的超声波，会在金属板另一侧的界面反射回来。下图中1号脉冲是发射出去的超声波，2号脉冲是反射波。如果金属板没有缺陷（损伤），就像左侧的图，检测到的1号和2号脉冲是相同的。如果有缺陷（损伤），就像右侧的图，超声波会先从缺陷部位返回**反射波**，而金属板界面的反射波会稍晚一些返回。像这样，**不用破坏物体，利用超声波就可以检测物体的缺陷或者异常**。

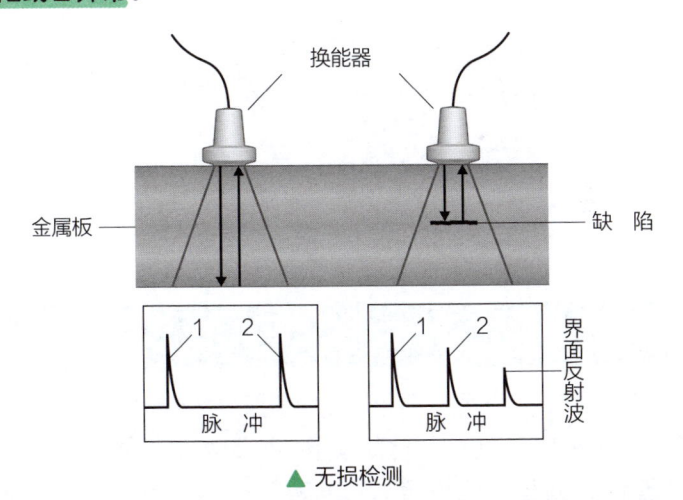

▲ 无损检测

使用超声波的无损检测还被应用于评估混凝土隧道的完整性和耐久性。通过分析超声波在混凝土内部传播的反射和折射情况，能够确定是否存在裂缝、空洞和其他结构性缺陷。这种检测有助于保证隧道和其他建筑物的安全性，并判断是否需要进行修复。

第 31 讲　用声呐探测鱼群

水中物体的识别 ///　　　☑声呐　☑声波

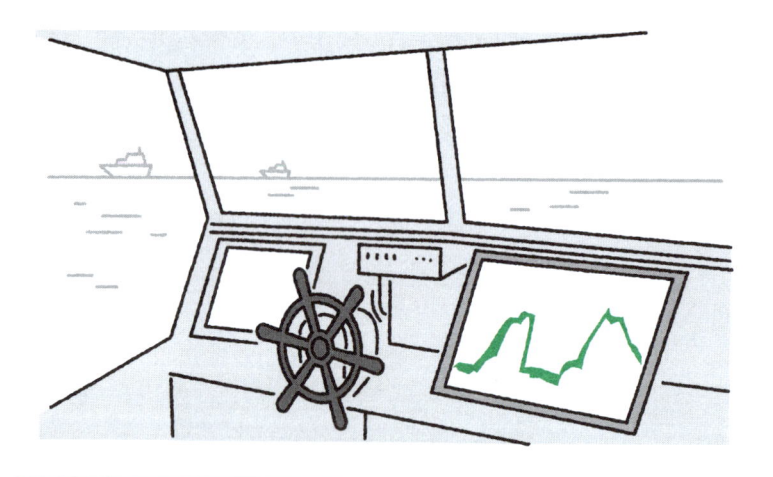

什么是声呐？

声呐（sonar）是一种通过发射声波并检测和分析反射波来探测物体的技术。比如，它可以用来检测水中物体的距离和方向，甚至探测鱼群的位置。"**声呐**"一词源自英语"sound navigation ranging"（声音导航测距）。

声呐的种类

声呐主要分为两种：主动声呐和被动声呐。

第 31 讲　用声呐探测鱼群

❶ 主动声呐

"主动"（active）意味着声呐系统会主动发射**声波**。主动声呐系统会向目标物体发射声波，然后接收物体反射的回声，从而检测测量对象。发射的声波会向四面八方扩散，碰到测量对象后会反射回来。接收器**对反射信号进行分析，检测出测量对象的位置范围、方位和相对运动**。比如，潜艇、船舶的位置锁定和渔船的鱼群探测等，都依赖主动声呐。另外，测量海底深度、绘制海底地图，以及辅助飞机飞行的多普勒导航等应用也属于主动声呐的范畴。

❷ 被动声呐

"被动"（passive）意味着声呐系统不会主动向测量对象发射声波，而是通过接收**测量对象（如船只、潜艇、鱼雷等）发出的噪声等声音**来检测它们的位置和特性。被动声呐常用于潜水员的声学定位和声学制导鱼雷等场景。

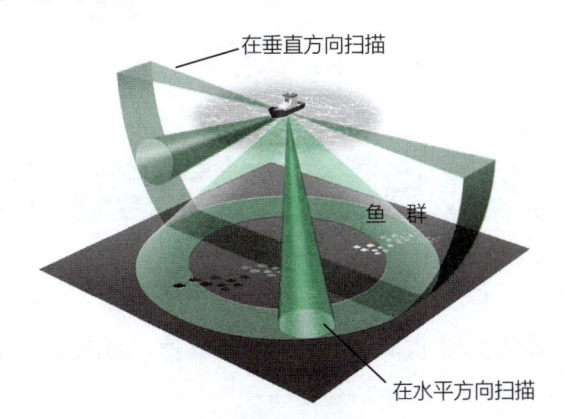

在垂直方向扫描

鱼　群

在水平方向扫描

▲ 渔船的鱼群探测

主动声呐适合需要实时精确检测的场景，但能耗较大。被动声呐适合需要隐蔽操作的场景，更环保，但其功能受到限制。因此，需要根据使用目的和实际情况选择合适的声呐技术。

第 32 讲 LiDAR 助力未来自动驾驶

以 3D 形式呈现环境 ///   ☑ LiDAR   ☑ 激光   ☑ 自动驾驶

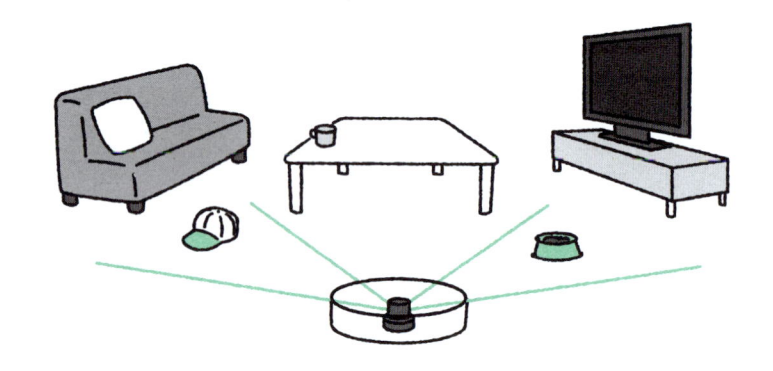

什么是 LiDAR？

LiDAR（light detection and ranging，光探测和测距），也被称为激光雷达，是一种使用对人眼无害的激光束的传感器，能够**以三维（3D）形式呈现被测量的环境。与使用无线电波的雷达不同，LiDAR 使用的是激光**。它广泛应用于汽车、基础设施、机器人、卡车、无人机、工业和地图测绘等多个领域。

LiDAR 的原理

LiDAR 是如何测量周围环境的呢？首先，它向被测对象发射激光束，再由传感器检测被测对象反射回来的光。最后，根据激光从发射出去到被传感器检测到所花费的时间来计算距离。

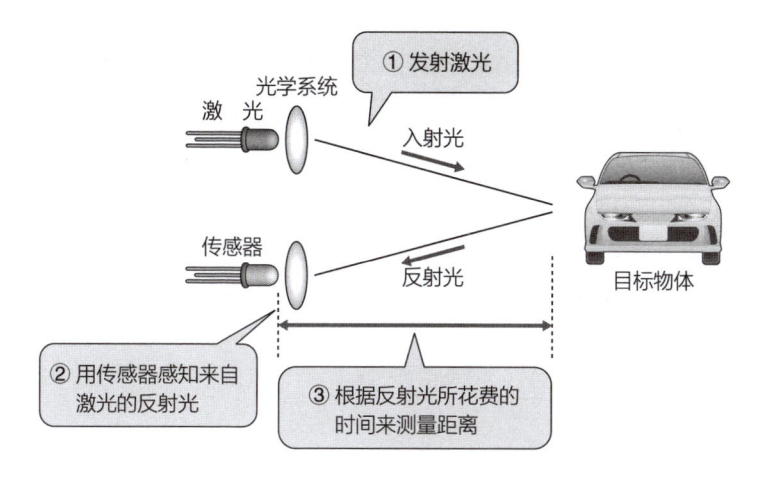

▲ LiDAR 的原理（单点测量）

不过，仅仅这样做只能测量某一个点的距离。利用 LiDAR 测量精度高的优势，可以使激光束上下左右旋转，从而读取以 LiDAR 为中心的周围环境的特性、形状等三维信息。LiDAR 能够在 1s 内重复这个过程几百万次，实现**三维地图的实时构建**。

LiDAR 的作用

实际上，LiDAR 自 20 世纪 60 年代起就开始用于地形和气象观测。近年来，随着成本的降低，LiDAR 被广泛应用于自动驾驶汽车。**自动驾驶技术**通常采用毫米波雷达来探测远距离物体，而 LiDAR 擅长高精度识别近距离物体。两者的结合使得自动驾驶汽车能够实时掌握周围的车辆、行人、建筑物和障碍物等情况，从而确保行驶安全。

专栏 3　超声波与音乐

正如第 29 讲所述，超声波是人耳无法感知的频率范围的空气振动。一直以来，人们普遍认为人类只能听到 20kHz 以下的可听声音，音乐 CD 和音乐数据（如 MP3 等）都是以此为基础设计的标准（采样频率为 44.1kHz）。

不过，近年研究发现，尽管人类无法将超过 20kHz 的超声波视为声音进行感知，但它会对我们的大脑产生影响。这一现象被称为**超声效应**，能够激活人类的脑干（包括中脑、丘脑、下丘脑等），使我们觉得音乐更加悦耳动听、更具魅力。基于这种超声效应，产生了一种新的音频格式——高分辨率（Hi-Res）音频。

高分辨率音频采用**比传统音频更高的采样频率（如 96kHz 或 192kHz）进行数字化处理**，因此能再现 CD 或 MP3 格式中所缺失的超声波频段的声音，输出的音频更接近原始声音。欣赏高分辨率音频，需要使用专门的耳机或扬声器。还要注意，这类音频文件的数据量（文件大小）通常较大。

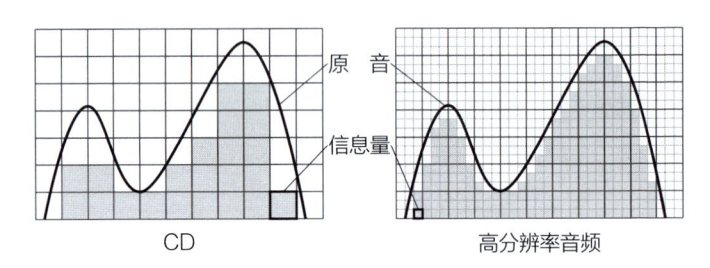

▲ 信息量比较

第 5 章 用传感器识别身份

在前几章中,我们介绍了一些传感器的应用,可能有些内容不太容易理解。在第 5 章中,我们将通过日常生活中常见的例子来讲解传感器的应用。

第 33 讲　用条纹图案表示信息的条形码

读取条形码 ///　　　　☑条形码　☑激光　☑反射光

什么是条形码？

在我们的日常生活中，当我们在超市购物结账时，经常能看到**条形码**。条形码是由一条条竖线和空白组合而成的编码，用竖着排列的黑色条纹和白色（空白）条纹来表示信息。我们使用光学扫描仪读取这些条纹图案组成的条形码，就能获得条形码中记录的信息。

从条形码中读取的信息

首先，我们来了解从条形码中读取信息的原理。条形码读取

第 33 讲 用条纹图案表示信息的条形码

器（扫描头）会使用 LED 或**激光束**照射条形码。照射到条形码的光会反射回来，扫描头上的传感器立即接收这些**反射光**。由于条形码的白色部分反射较强，黑色条纹的反射较弱，传感器**根据反射光的强弱，生成从条形码中读取的开关信号**。例如，如果图案是"黑白黑白黑白黑黑"，则对应的信号就是"关开关开关开关关"。连接扫描仪的电路会对这些开关脉冲进行 **A/D 转换**（详见第 13 讲），将它们变成数字信号（0 和 1），并发送到计算机，最终编码为"10101011"。

通过这样的流程，我们就可以从生活中随处可见的条形码中读取信息。

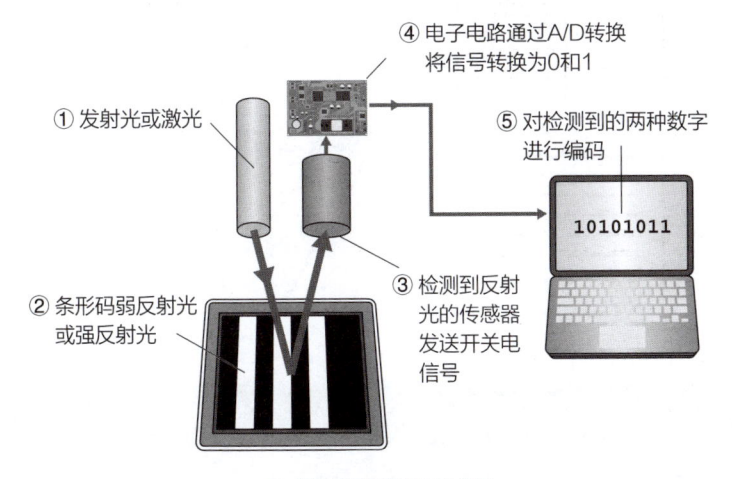

① 发射光或激光

② 条形码弱反射光或强反射光

③ 检测到反射光的传感器发送开关电信号

④ 电子电路通过A/D转换将信号转换为0和1

⑤ 对检测到的两种数字进行编码

10101011

▲ 条形码信息处理流程

如上所述，条形码的条纹图案可以转换成由 0 和 1 排列组成的数字信号，它在结账收银、商品库存管理、配送业务等诸多场合得到了广泛应用。凡是能够进行 ID 管理的场景，条形码都有其应用价值。

第 34 讲 随处可见的 QR 码

读取二维码 ///   ☑ URL   ☑ QR 码   ☑ 摄像机

什么是 QR 码？

QR 码是一种二维码，由日本 Denso Wave 公司发明并注册商标，广泛应用于电子支付和网络链接（互联网 **URL**）中。**QR 码**无需专用扫描仪，可以使用智能手机上的**摄像头**进行读取，因此在全球范围内都非常流行。相比条形码（一维码）仅在横向条纹图案中记录信息，**QR 码在纵向和横向都记录信息**，因此被归类为**二维码**。

QR 码的构成

"QR"是"quick response"（快速响应）的缩写。正如"快速"一词所暗示的，通过二维码能够快速读取信息——与条形码类似。QR 码包含大量（约为条形码的 200 倍）信息，QR 码各个组成部分对于快速而准确地处理这些信息至关重要。

▲ QR 码的构成要素

① 码元：**用黑白块表示二进制信息（0 和 1）。**

② 定位图形：定位标志，是位于三个角上的方块。有了它，就算 QR 码旋转了方向，也能被识别出来。

③ 时序图形：黑白交替的图形。靠它可以确定 QR 码的坐标。

④ 校正图形：用于校正斜向拍摄时产生的误差，使得即使 QR 码稍有变形也能被读取。

⑤ 格式信息：位于定位图形附近。它决定纠错级别，即使 QR 码脏污或者损坏也能读取数据。

⑥ 空白区：正常读取 QR 码所需的空白空间。

第 35 讲　RFID 在自助收银和检票中大显身手

通过无线电波读取信息 /// ☑ RFID　☑ 无源标签　☑ 电磁感应

什么是 RFID？

　　RFID（radio frequency identification，无线射频识别）是一种非接触式读取信息的技术，与条形码和二维码识别技术类似。不同之处在于，RFID 使用无线电波进行信息传输。因此，RFID 不需要直接对准标签，**只要在电波范围内，即使有障碍物，靠近就能读取信息**，这是它的一大优势。

RFID 的工作原理

在 RFID 应用中，使用记录信息的 RFID 标签和读取信息的读取器。RFID 标签由记录信息的集成电路（IC）和用于无线通信的天线组成，通常采用不干胶标签或塑料材料制造。

RFID 标签分为不需要电源的**被动式标签**（无源标签）和需要电源的主动式标签（有源标签）。被动式标签通过 RFID 阅读器发送的无线电波，利用**电磁感应**激活并发电。由此，它可以暂时产生电源并将信息发送回 RFID 读取器。被动标签只能在较近的距离内工作，而主动式标签则能够在几米的距离内发送信息。

一般来说，被动式标签尺寸小巧，价格便宜，因此应用更为广泛。

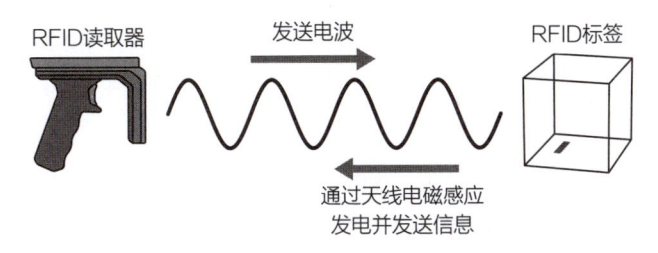

▲ 被动式标签（电磁感应式）的原理

RFID 的应用

在日常生活中，RFID 技术的应用非常广泛，如**交通 IC 卡**和服装店的**自助收银系统**。此外，员工证、学生证等身份证件也常使用 RFID 技术。如今，RFID 已在零售业、物流、公共交通、机场等多个行业得到了普遍应用。可以说，RFID 是与我们生活息息相关的技术。

专栏 4　用 RFID 防止伪造

"ID"（identification）原意是指用于身份识别的文字等内容，在英语对话中，"ID"常常被用来指代"身份证件"。护照是全球通用的身份证明文件，因此在国外酒店办理入住时，可能会听到"Your ID？"这样的询问，要求出示护照以确认身份。

同样，游客在酒吧或餐厅想要饮酒时，通常也需要出示护照以证明自己已达到法定饮酒年龄。由此可见，在海外旅行时，护照是你的重要身份证明。

然而，在第二次世界大战期间，曾有盟军的间谍巧妙地伪造护照在欧洲活动。鉴于护照伪造事件屡见不鲜，近年来便逐渐普及了 IC 护照（电子护照）。中国自 2012 年起正式签发**内置 RFID 芯片的 IC 护照**，其中记录了持证人的国籍、姓名、出生日期等个人信息及证件照片。此外，IC 护照还采用生物识别（如指纹和虹膜信息）技术，进一步提升了护照的安全性和防伪能力，同时也提高了通关效率。

不仅仅是护照，随身携带的身份证也内置了 RFID 和可编程 IC 卡。电子护照需要通过专用设备读取信息，而身份证则可以通过智能手机中的 NFC 功能读取，只要手机上安装了识别身份证的软件，就能更便捷地完成身份验证等手续。

第 6 章 用传感器检测生物信号

在第 6 章中,我们将介绍能够检测人体生物信号的传感器。通过了解这些生物信息,我们可以更好地掌握健康状况和精神状态。

第 36 讲　脑电波是驱动身体活动的电信号

脑电波是电信号 ///　　☑脑电波　☑电信号　☑频率

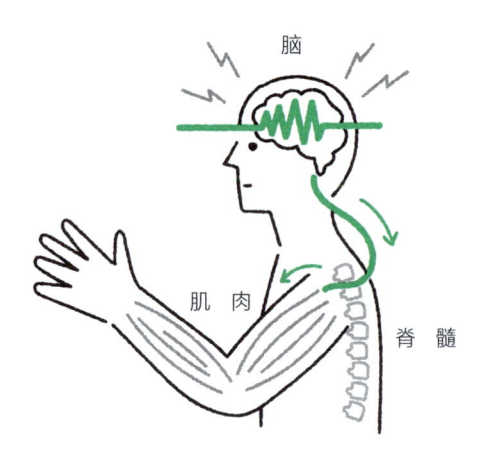

脑
肌肉
脊髓

什么是脑电波？

人类的思考、情感和行动都源于大脑中神经细胞的活动。这些神经细胞在活动时会产生一种类似波动的电信号，即**脑电波**。脑电波是一种生物信号，它以**电信号**的形式从大脑通过脊髓传递"移动手"或"移动脚"等指令，最终使肌肉产生动作。

由于脑电波是电信号，我们可以用传感器来检测它。通过读取脑电波，医生可以诊断睡眠障碍等疾病，甚至研究大脑的活动状态。

第 36 讲　脑电波是驱动身体活动的电信号

脑电波的频率

脑电波是如何被应用的呢？实际上，脑电波可以分为不同的频段，**每个频段都有其特定名称，如 β 波、α 波等**。当人处于做不同事情或不同精神状态时，脑电波的频段也会随之变化。当你全神贯注于某项任务或思维活跃时，会检测到 β 波——代表清醒状态。而 α 波则表示非清醒状态。例如，当你完成一项工作，松一口气开始休息时，一般可以检测到 α 波。在户外跑步或经常在高速公路上开车的人，常常能检测到较多的 θ 波——这种波一般在困倦时出现。最后，还有一种 δ 波，当大脑处于休息状态时，特别是在不做梦的深度睡眠中，δ 波尤为明显。

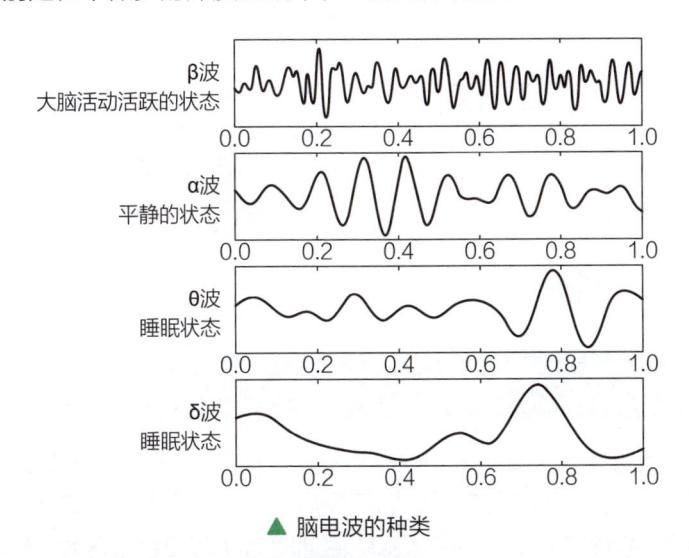

β波
大脑活动活跃的状态

α波
平静的状态

θ波
睡眠状态

δ波
睡眠状态

▲ 脑电波的种类

如前所述，通过**检测不同频率的脑电波**，医生可以了解一个人的精神状态和健康状况。检测脑电波的工具被称为脑电图仪（详见第 37 讲），它是一种专门用于检测脑电波的传感器。

第37讲 意念控制——大脑和机器联动

测量脑电波 ///　　　　☑脑电图　☑BMI　☑电信号

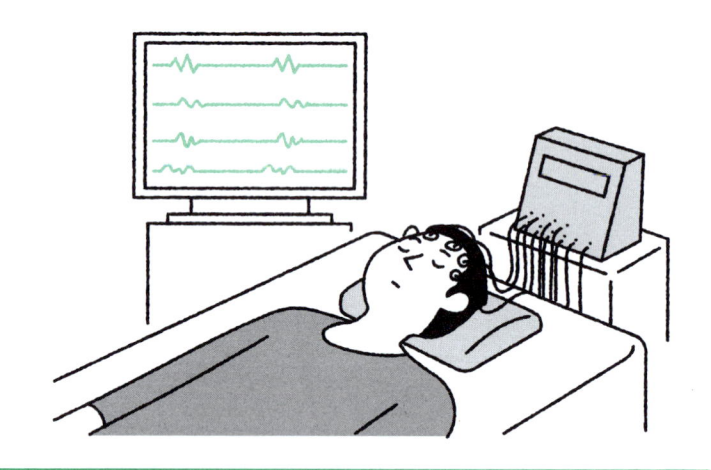

脑电图仪

　　脑电图仪（electroencephalograph，EEG）是一种通过电极读取脑电波的传感器。它不仅可用于大脑相关疾病诊断，还可用于心理学研究。由于**大脑的活动状态和精神状态各异，脑电波频率也会不同**，因此 EEG 可以帮助医生了解一个人的心理状态。例如，精神状态平和的人脑电波频率较为平稳，而精神状态活跃的人脑电波频率波动较大。当出现精神方面的症状时，脑电波检查有时也能发现异常。脑电图仪不仅有助于诊断大脑相关疾

第 37 讲　意念控制——大脑和机器联动

病，通过识别大脑活动的变化，对于诊断心理相关疾病也具有重要价值。

近年来，随着 BMI（脑机接口）研究的进展，科学家们正在研究如何仅靠脑电波直接操控设备。

脑机接口

脑机接口（brain machine interface，BMI）是一种使大脑与设备联动的新技术。目前，它已被应用于手部麻痹患者的康复治疗等方面。脑电波传感器首先检测到**电信号**，然后对这些电信号进行处理和转换，从而驱动设备。例如，一个手部麻痹的人在头上佩戴电极（即脑电波传感器），当他产生"移动手"的想法时，大脑就会发出信号。BMI 读取这个信号，与之联动的佩戴在手上的设备收到信号后就会做出相应动作。

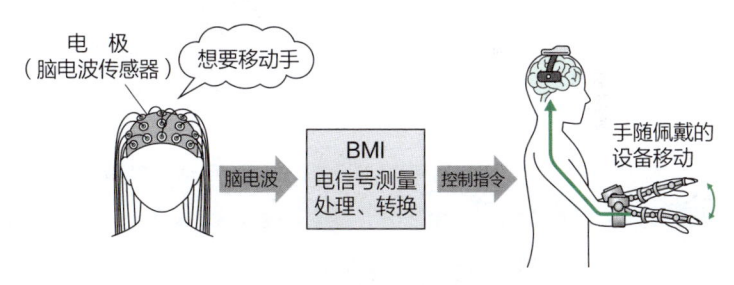

▲ BMI 的工作原理

BMI 运用了包括传感器在内的多种技术。它不仅在医疗领域得到应用，还有潜力用来提高学习效率，未来可能成为教育领域中不可缺少的技术。**能够检测人体发出的生物信号的脑电图仪（脑电波传感器）** 在其中发挥着重要作用。然而，BMI 目前仍处于研究开发阶段，完全实用化尚存在技术和伦理方面的问题。不过，在一些特定的医疗用途上，它已取得了一些实用化进展，未来有望在更广泛的领域发挥作用。

第 38 讲 肌肉收缩时会产生电信号

肌电信号 ///　　☑肌电图　☑肌肉　☑可穿戴

肌电信号
肌电信号包络线

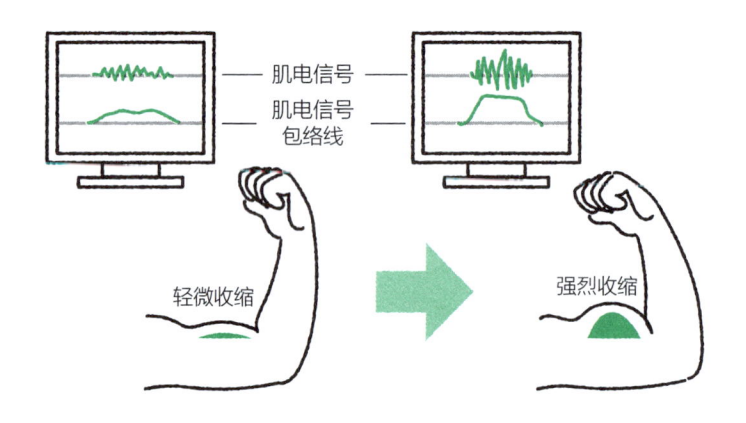

轻微收缩　→　强烈收缩

肌电图仪

当我们用力鼓起肌肉使肌肉收缩时，会产生电信号。**肌电图仪**（electromyograph，EMG）就是用来检测神经和**肌肉**电信号的传感器。将电极（即传感器）贴在皮肤表面后，我们就可以测量肌肉收缩时的电信号，生成表面肌电图。这种测量方式目前已相当普遍。

表面肌电图

表面肌电图是将肌电图仪测量到的数值以图形形式呈现的结

果。如果将电极贴在心脏附近,还能进行简单的心电图测量(详见第 40 讲)。在医疗机构中,有时会在健康检查时使用肌电图来评估神经和肌肉的功能。在运动医学里,表面肌电图也被用于分析身体的运动方式。随着**可穿戴**技术的不断进步,表面肌电图逐渐融入我们的日常生活。这样一来,在运动时就能了解身体的运动状态,掌握应该锻炼的肌肉群。

近年来,伴随可穿戴设备功能的不断增强,腕带式可穿戴终端上搭载的表面肌电图技术已经能够识别手势。这种技术在日常生活以及增强现实(AR)/虚拟现实(VR)领域的应用也备受期待。

表面肌电图的应用

我们用手指可以做出各种手势。为完成这些手指动作,需动用连接到手臂的肌肉,而不同手势会激活不同的肌肉部位。例如,当我们伸直或弯曲大拇指时,会用到拇长伸肌;而当伸直或弯曲食指到小指时,用到的则是指伸肌。这意味着**肌电信号和手势之间存在一定的关联性**。通过分析肌电信号,我们能够推测出手势,从而将其作为 AR/VR 设备的控制信号。

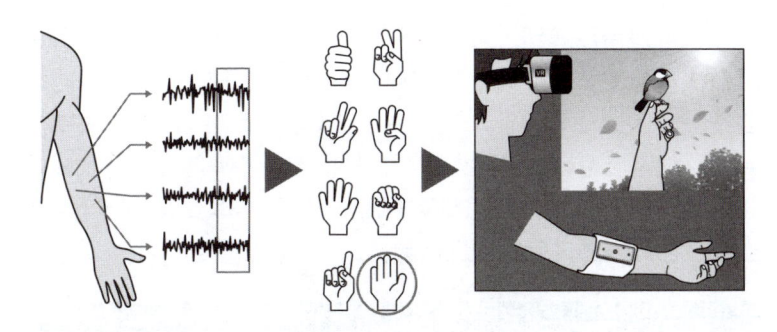

▲ 表面肌电图的应用示例

第 39 讲 读取心跳变化 推测精神状态

测量心跳变化 /// ☑心率变异性　☑自主神经系统　☑可穿戴

心跳变化

大家是否注意到，当我们运动或感到压力时，心跳会比静息时更快？即使在休息状态下，吸气时心率会加快，而呼气时心率会减慢，因此心率并非一成不变。正如第 36 讲和第 37 讲中提到的，脑电波可以帮助我们了解精神状态，心率的变化（也就是心率变异性）能反映我们的精神状况。这种心率变异性与脑电波类似，也可以通过传感器进行测量。

心率变异性与精神状态

让我们深入探讨心率变异性与精神状态之间的关系。

第 39 讲 读取心跳变化推测精神状态

通过分析心率变异性，我们可以了解与个人精神状态密切相关的**自主神经系统**的活跃程度。自主神经系统主要由交感神经和副交感神经组成。当我们情绪激动时，交感神经的活动会增强；而当我们放松时，副交感神经的活动则会增强。由于自主神经系统的活动反映了精神状态，因此通过**分析心率变异性，可以推测日常生活中的压力、专注程度及情绪等**。

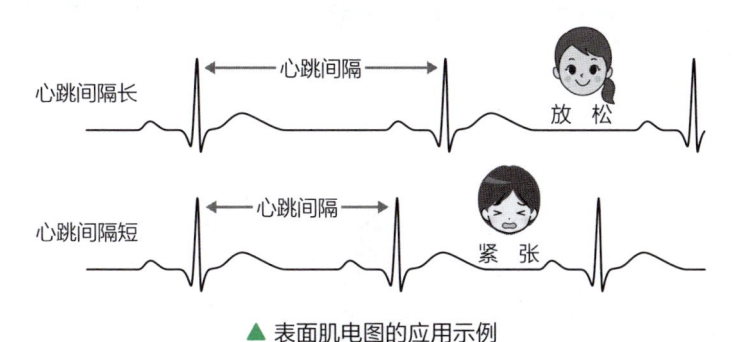

▲ 表面肌电图的应用示例

此外，像智能手表这类**可穿戴设备**（参见第 2 讲）的心率测量大多是在短时间内统计检测到的心率，因此难以准确捕捉心率变异性。

心率变异性的应用

心率变异性是衡量心率变化程度的指标。心率变异性高意味着心跳不规则，表明自主神经系统能够灵活调整，身体处于放松状态。

由于心率变异性与自主神经系统的活动相关联，它在健康领域有着广泛应用。它可以用于监测压力的变化，运动员和健身爱好者通过监测心率变异性来评估训练效果，判别是否过度训练及恢复情况。

第 40 讲　用心电图仪检测心脏发出的电信号

监测心脏的活动 ///　　☑心电图　☑生物信号　☑心率

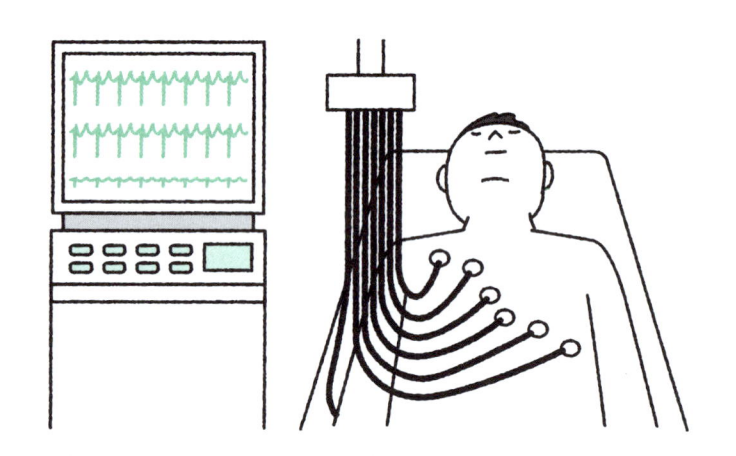

心电图仪

　　心电图仪（electrocardiograph，ECG）是一种通过贴在身体上的电极（传感器）检测心脏发出的电信号，并将其记录为波形的设备。心脏像一个泵，通过规律地收缩心肌将血液输送至全身。心肌的运动会产生电信号，这些信号按顺序从心房传导至心室。心电图仪通过<u>检测这些电信号在心房与心室之间的传递，记录下心脏的活动波形</u>，从而帮助医生了解心肌运动是否紊乱以及心脏工作是否正常。通过传感器检测心脏产生的**生物信号**，有助于心脏疾病的诊断与治疗。

电信号的模式

传递至心室的电信号具有特定模式。

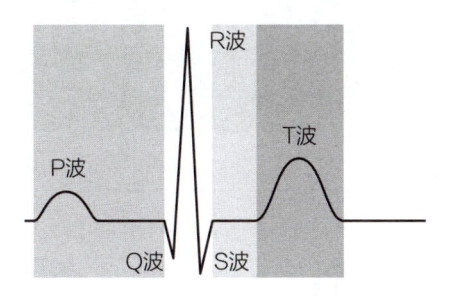

▲ 心电图的波形

首先出现的是 P 波，它代表心房的**电兴奋（即电信号上升）**。接着是 QRS 波群，它代表心室的电兴奋，包含 Q 波、R 波和 S 波三个波。最后出现的 T 波表示心室的电兴奋消退。其中，R 波具有重要意义，代表心跳，1min 内测量到的 R 波数量即心率。换句话说，R 波之间的间隔即为心跳间隔。心跳间隔的周期性变化即为第 39 讲介绍的心率变异性。因此，R 波是用于推测精神状态的生物信号。

自动分析心电图

AED（自动体外除颤器）是一种先进的医疗设备，专门用于抢救因心室颤动（即心脏痉挛，无法向全身输送血液的状态）导致心脏骤停的患者。**它通过贴在胸部的电极片（传感器）分析心电图中的 R 波**，若检测到心室颤动，AED 会自动充电并进行电击。整个过程仅需约 10s，非常迅速。

第 41 讲　用传感器了解血管内部情况

测量脉搏 ///　　　　　　　　　　　☑脉搏　☑PPG

脉搏传感器

　　脉搏传感器是一种检测心脏泵血引起的血管内容积变化,并将其记录为波形的传感器。目前,测量**脉搏**的常用方法是**光电容积脉搏波记录法**(photoplethysmography,PPG)。PPG通过**照射光线并测量反射或透射量**来监测血管内部状况。

　　PPG 按测量方法可分为反射式和透射式两种。在医疗领域,常用的脉搏血氧仪采用的是透射式测量方法。

第 41 讲 用传感器了解血管内部情况

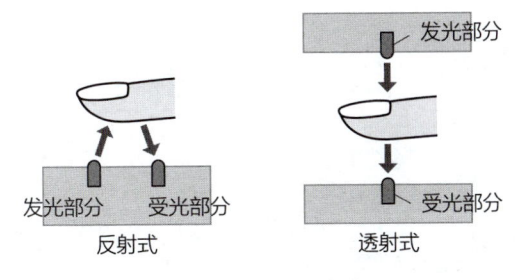

▲ PPG 的测量方法

监测血管健康

脉搏传感器不仅能够测量脉搏频率,还可以通过波形分析,帮助评估血压、睡眠状态以及血管健康状况。**它在急性心肌梗死等突发性疾病的早期发现中发挥着重要作用**。

血液由心脏泵出,每分钟的脉搏次数通常与心率一致。然而,尽管脉搏节奏通常与心跳相同,有时也会因呼吸或血压的变化而产生差异。因此,**脉搏间隔并不完全等同于心跳间隔**。尽管如此,**脉搏的波动同样能反映个体的情绪与精神状态**。

血管年龄

脉搏波还可用于评估"血管年龄",这一指标反映了血管的健康程度。血管老化往往伴随着硬化和弹性下降,可以通过脉搏波的特性加以监测。血管越硬,其脉搏波传播速度越快。这是因为硬化的血管在扩张和收缩时失去弹性,导致压力波加速传播。反之,柔韧性较好的血管会减缓压力波的传播,从而显示较低的脉搏波速度。

通过测量脉搏波速度,医生可以判断心血管疾病的风险,制定针对性的预防和管理措施。

第 42 讲　用红外线测量体温

非接触式体温测量 ///　　　　☑红外线　☑热电堆

非接触式体温计

　　非接触式体温计正在逐渐普及。它通过**红外线**测量体温，原理非常简单。

　　事实上，包括人类在内的所有物体都会释放红外线。非接触式体温计**通过检测物体释放的红外线与周围环境的差异，进而测量物体表面的温度**。具体而言，非接触式体温计会收集测量对象发出的红外线，通过光学装置聚焦后传递至传感器（**热电堆**）。传感器能够**将红外线转化为热量，进而转换为电信号**，最后显示测量值。体温计显示的温度数据，正是基于红外线转换结果生成的。

第42讲 用红外线测量体温

使用非接触式体温计无须直接接触皮肤,既卫生又方便。此外,它能够在几秒内快速显示温度值,有助于高效地对大量人群进行体温筛查。因此,这类设备常用于医院、机场及公共场所等场景。然而,非接触式体温计只能测量皮肤表面温度,其测量结果易受到环境温度和个体状态(如运动后或心理紧张)的影响,精度不如传统腋下体温计高。

在工业中的应用案例

非接触式温度测量技术不仅用于人体体温测量,还在多个工业领域得到了广泛应用,如钢铁、化工、食品加工和造纸行业等。它**常用于生产过程中的温度监控,以确保产品质量和生产安全**。例如,在钢铁生产中,非接触式温度计可用于高炉或电炉等熔炼设备的内部温度监测,还可用于轧制过程中钢板和钢材的温度检测。对于那些表面温度极高的物体,**非接触式温度测量**几乎是唯一的可行方案。

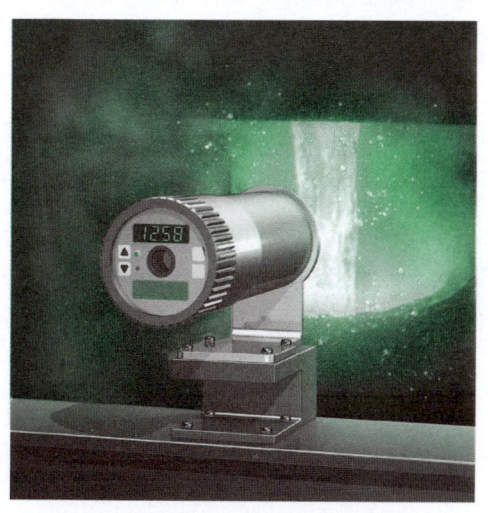

▲ 钢铁生产中非接触式温度测量示例

专栏 5　什么是脉搏血氧仪？

脉搏血氧仪是一种用于测量**血氧饱和度**的设备。血氧饱和度指的是体内血红蛋白与氧气结合的比例。

血液中的红细胞所含血红蛋白是红色的，因此我们肉眼所见的血液呈红色。血红蛋白与氧气结合时呈鲜红色，而在氧气不足时呈暗红色。脉搏血氧仪通过测量血红蛋白颜色的差异（即光的吸收程度）来计算血氧饱和度。

红外线容易被氧合血红蛋白（与氧气结合的血红蛋白）吸收，而可见光更容易被脱氧血红蛋白（未与氧气结合的血红蛋白）吸收。因此，脉搏血氧仪使用可见光（红光 LED）和红外线两种光源，可以同时捕捉氧合血红蛋白含量较高的血管和普通血红蛋白含量较高的血管，从而提高测量结果的精确度。

这里再说说第 41 讲提到的 PPG（光电容积脉搏波记录法）。PPG **通常使用一种光来测量其反射量**。与脉搏血氧仪不同，PPG 不需要夹住测量部位，因此传感器的结构更加简化。

此外，在智能手表等可穿戴设备中，常用对光吸收量变化较大的绿光 LED 来测量血管容积的变化。绿光 LED 的反射光变化幅度较大，因此日常生活中的活动对其波形的干扰较小。

可穿戴设备通常在日常活动中使用，容易受到运动强度、佩戴方式、皮肤状况等因素的影响，测量精度有限。因此，这类设备更适合用作健康管理的参考工具，而非医疗器具。

第 7 章 用传感器测量环境

看到第 7 章的主题,你可能会想:"究竟是什么原理,又用了什么方法来测量呢?"在本章中,我们将重点介绍用于环境测量的传感器。

第 43 讲　测量空气湿度

测量湿度 ///　　　　　　　☑湿度计　☑电容　☑电阻

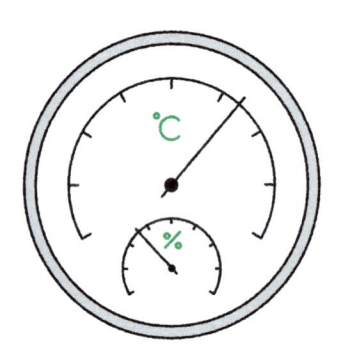

湿度传感器

在中国的长江中下游、四川盆地和东南沿海，夏天湿度高、天气闷热。

湿度对人体的舒适度和健康有显著影响。用于测量空气湿度的传感器称为**湿度传感器**。湿度传感器按测量方式主要分为三类：电容式、电阻式和热导式。

湿度传感器的测量原理

❶ 电容式

电容式湿度传感器通过在两个电极之间放置一层薄薄的介电

第43讲 测量空气湿度

材料（通常为金属氧化物或高分子材料）来感知相对湿度的变化。当空气的湿度发生变化时，**介电材料的介电常数会随之改变，从而引起电容量的变化**，以此测量湿度。

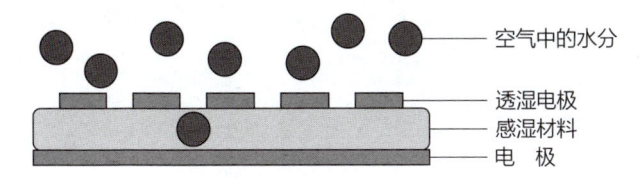

将水分作为电容来捕捉

▲ 电容式湿度传感器的工作原理

❷ 电阻式

电阻式湿度传感器**通过感知湿度变化引起的电阻值变化**来测量湿度。湿度改变时，传感器材料（通常为导电性聚合物或盐类涂层）的电阻值也随之变化。由于其成本较低且稳定性较好，这种传感器广泛应用于家用湿度计和消费电子产品中。

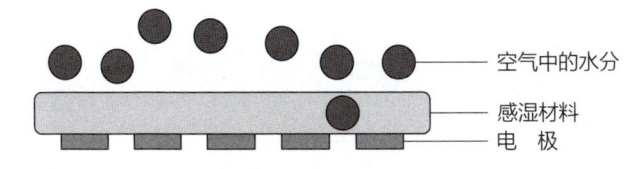

将水分作为电阻来捕捉

▲ 电阻式湿度传感器的工作原理

❸ 热导式

热导式湿度传感器通过**测量湿润空气和干燥空气之间热导率的差异来计算绝对湿度**，通常应用于高温或腐蚀性环境中。测量时需使用两个传感器：一个用于测量环境空气的热导率，另一个则置于干燥氮气中测得基准热导率。通过比较两组数据的差异，计算出湿度值。

第44讲 土壤湿度测量对农业至关重要

测量土壤 /// ☑介电特性 ☑相对介电常数 ☑微波

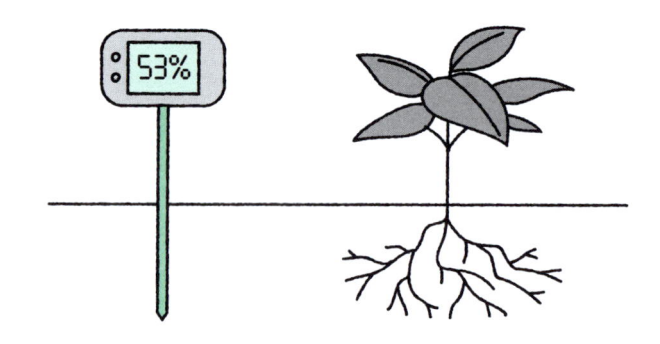

土壤湿度传感器

农作物的生长依赖于各种营养物质，而这些营养物质的吸收需要土壤中适量的水分。水分不仅能够促进作物根系的发育、促进植物生长，还能调节植物的体温。然而，过多的土壤水分会导致土壤病原菌的滋生，从而影响作物健康。因此，土壤中的水分含量需要保持适量，"不多不少"。为了准确监测和测量土壤中的水分含量，土壤湿度传感器应运而生。

土壤湿度传感器是一种用于**测量土壤含水量**的传感器，其测量原理基于**土壤的相对介电常数特性**。土壤由水、空气和土壤颗粒组成，其中水的相对介电常数约为80，而空气的相对介电常数为1，土壤颗粒的相对介电常数为3~5。由于水的相对介电常数远高于空气和土壤颗粒,土壤中水分的含量直接决定了土壤整体的**相对介电常数**。

基于这一特性,土壤湿度传感器通过测量土壤的相对介电常数(或电阻)来推算水分含量。例如,电极棒式传感器就是一个常见的应用。然而,测量结果可能会因温度、土壤类型、颗粒分布等环境因素而受到影响。因此,为了提高测量的精度,通常需要对传感器进行校准(参见第52讲)。

测量方法

TDR(time domain reflectometry,时域反射法)是一种经典且广泛应用的土壤湿度测量方法,自20世纪70年代开始使用。具体方法是,将两根平行金属棒(电极棒)插入土壤中,并向金属棒发送短脉冲**微波**。微波从金属棒的根部传播到尖端所需的时间取决于土壤的介电特性。**通过测量传播时间,可以计算出相对介电常数**,并进一步获得土壤湿度。

除了TDR,还有许多其他类型的土壤湿度测量方法。例如,可以直接测量土壤湿度传感器周围的相对介电常数,或通过频率响应等方法探测水分含量。

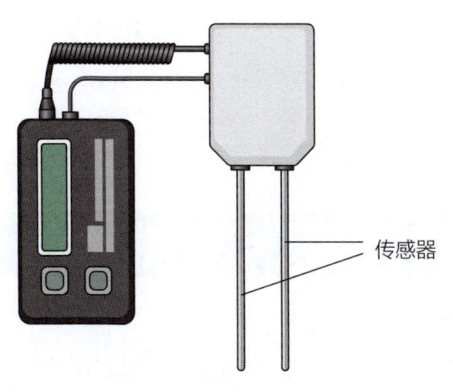

▲ 电极棒式土壤湿度传感器

第 45 讲　媲美大象的嗅觉

测量气味 /// ☑半导体　☑晶体　☑气相色谱仪

气味传感器

气味作为复杂的化学信号，其种类繁多并且难以完全量化。目前，虽然尚无法检测所有气味，但气味传感器已能够检测特定气味的浓度并区分气味种类。例如，空气净化器、食品质量检测仪器等设备中广泛应用了气味传感器。

气味传感器的类型

❶ 半导体型

半导体型气味传感器通过气味分子与**半导体**表面发生反应，

引发**材料电阻值的变化**来检测气味。其基本结构包括 P 型半导体和 N 型半导体，它们之间通过电极连接。当气体分子吸附在 N 型半导体表面时，会影响电荷载流子（电子或空穴）的浓度。电荷载流子浓度的变化会引起半导体电阻值的变化，从而导致电极间的电流变化。**气味分子的浓度越高，电流变化越显著**。半导体型传感器响应迅速、性价比高，目前被广泛应用于环境监测（如臭气监测）、食品安全检测及工业控制等领域。

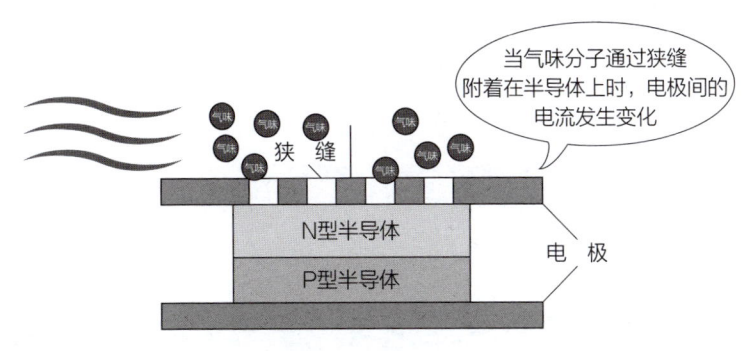

▲ 半导体型传感器

❷ 石英晶体型

石英晶体型气味传感器的工作原理与人类嗅觉的识别机制相似。这种传感器包含石英晶体与感应膜两部分。感应膜对特定气味分子具有吸附能力，类似于人类鼻腔的嗅觉受体。当气味分子被吸附时，感应膜下方一直高速振动的**石英晶体的谐振频率就会降低**。通过测量频率变化，可将气味分子的浓度数值化。此类传感器特别擅长检测酒精、咖啡等复杂气味分子，常被用于食品饮料行业和气味分类实验。

❸ 气相色谱型

气相色谱型气味传感器采用气相色谱技术，**通过将混合气体分离并分析成分浓度来实现气味的数值检测**。仪器对气体样本进行预处理后，将其分离成单一化学成分，不同成分的保留时间可用于气味识别和定量。这种方法被广泛应用于已知成分的气味检测。不过，由于其依赖可气化成分并受到复杂组分干扰，它在成分未知或多样性较高的环境中表现不尽人意。

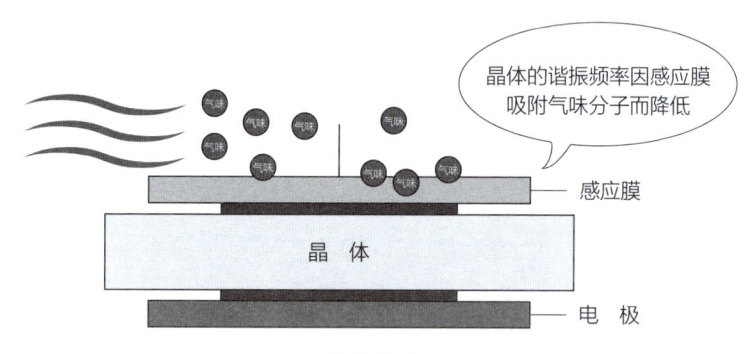

晶体的谐振频率因感应膜吸附气味分子而降低

感应膜

晶体

电极

▲ 石英晶体型传感器

以大象的嗅觉为目标

气味传感器的核心优势在于其能够感知人类鼻子无法分辨的气味，并将这些气味量化。例如，通过测量水果的成熟度确定最佳采摘时间。又如它可用于监控酿酒过程中的发酵状态。以往，酿酒师傅主要凭借经验（如对香味的感觉等）判断什么时候停止发酵，现在有了气味传感器，就可以将经验数值化、可视化，从而保证酿酒技术的传承和酒的品质稳定。

此外，气味传感器还可以用于环境监测（检测臭气和有害气体）、医疗诊断、防灾系统等领域。现在，智能手机上也可以安装气味传感器，检测变得更方便了。

据研究，人类的嗅觉系统能够辨别大约 400 种气味，而大象的嗅觉系统可以分辨约 2000 种气味。气味传感器的发展目标之一是实现媲美甚至超越大象嗅觉的检测能力,为复杂气味的理解和控制提供技术支持。

约400种　　约800种　　约2000种

人　　　　狗　　　　象

▲ 能够辨别的气味种类

气味传感器的研发方向

尽管气味传感器已应用广泛,但其技术仍处于发展阶段。研究人员正在以下领域努力突破,以提高气味传感器的性能。

❶ 提高灵敏度

借助纳米技术和生物技术,研制能够检测极低浓度气味分子的气味传感器,从而提升对于微量化学气体的感知能力。

❷ 提高选择性

开发针对特定化学物质或气味成分的功能化感应材料,增强气味信号的特异性并减少干扰。

❸ 小型化与低成本化

推动传感器结构更加微型化并降低生产成本,使其不仅适用于工业和科研,还能应用于日常生活中的消费级产品(如智能手机)。

第 46 讲　将声音传向远方

识别声音 ///　　　☑麦克风　☑隔膜　☑电磁感应

麦克风

　　麦克风是一种用于采集声音的传感器，有时被简称为"麦"（mike），常用于录音、通话等场景。它不仅作为独立设备存在，还被集成于智能手机、耳机等设备中。麦克风的工作原理多种多样，其中动圈式麦克风是一种常见且应用广泛的类型。

麦克风的工作原理

　　对着麦克风讲话，声波（声音）会传入麦克风内部。

　　麦克风内部有一个**隔膜**，它随着声波的压力而振动。隔膜连接着一个细小的线圈，线圈会随着隔膜振动。麦克风内部安装了一块永磁体，在线圈周围形成稳定的磁场。根据**电磁感应**原理，当线圈在磁场中振动时，会产生与声音信号对应的电流。通过这种方式，动圈式麦克风将声音信号转换为可以被储存或传输的电信号。进一步，**电信号经过放大处理后送往扬声器或耳机，便可得到更大的声音**。

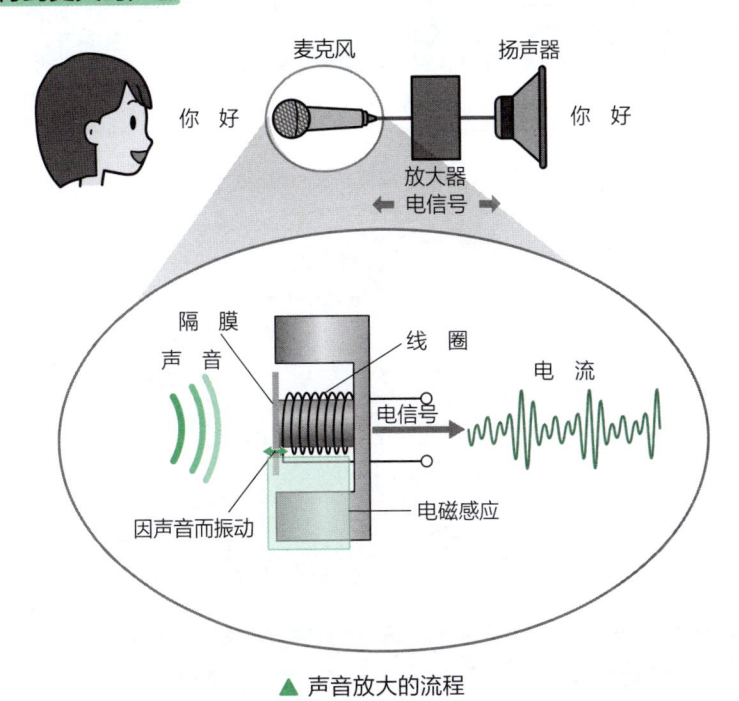

▲ 声音放大的流程

除了动圈式麦克风，还有其他麦克风类型，如电容式麦克风。

电容式麦克风内部包含一个能够振动的隔膜，以及与之配对的固定板。当声波到来时，隔膜随声波振动，而平行的隔膜与固定板之间的距离则发生改变。隔膜与固定板形成的电容会因为两者之间距离的变化而改变，根据电容的变化，可以转换出声音的电信号。电容式麦克风因其对细微声波的高灵敏度，常被用于需要高保真的场景，如录音棚、广播设备或一些高端音频设备中。

第47讲 测量"视野"

测量颜色与形状 ///   ☑摄像机   ☑图像信号   ☑光电二极管

视觉传感器

    我们的眼睛通过视细胞将光和颜色信息转化为电信号。这些信号从视网膜传递到大脑，使我们能够识别图像。一些鸟类的视力非常敏锐，如鹰，这种动物拥有"鹰眼"的卓越视力，能够发现远处的猎物。据统计，鹰的视网膜上的视神经细胞密度约为人类的 8 倍。

    视觉传感器类似于动物的眼睛，能够处理**摄像头**等设备捕获的**图像信号**，**将物体的特征信息转化为电信号并输出**。正如"视觉"一词所表达的那样，它可以视为人类眼睛的替代工具。视觉传感器能用于检查产品是否有损伤或污渍，还能测量物体的形状和数量。甚至在人机协作的工作场景中，它还可以用于距离测量和安全监控。

视觉传感器的原理

来自物体的光，经由透镜和彩色滤镜后到达**光电二极管**。彩色滤镜由红、绿、蓝三种滤镜组成，**光穿过彩色滤镜后就带上了颜色信息**，从而实现颜色的再现。光电二极管能识别光的强度，因此**图像（物体）信息可被转换为电信号，并依次传递到视觉传感器内部的放大器等装置进行处理**。最终，这些信号由模拟信号转换为数字信号。经过数字化处理后，这些图像信息可以在计算机等数字设备中进行进一步的处理、保存或分析。

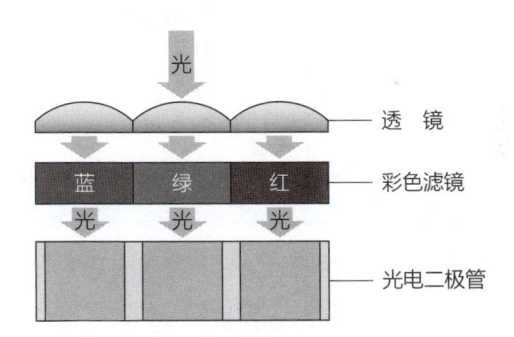

▲ 光线到达光电二极管的流程

作为视觉传感器的一种应用，研究人员正在探索利用光电转换色素分子的人工视网膜。当人工视网膜中嵌入的光电转换色素分子接收到光时，会发生电荷分离以生成电信号。该电信号被传递给生物的视网膜细胞或视神经细胞，最终作为视觉信息传送至大脑并被识别为图像。利用这一技术，视觉信息可以绕过功能受损的光感细胞，直接传递至大脑。

第 48 讲 识别肉眼看不见的分子

测量二氧化碳 ／／／　　☑ CO_2　　☑ NDIR　　☑ 红外线

CO_2 传感器

　　人类在呼吸过程中会排出 **CO_2（二氧化碳）**。在室内，尤其是密闭空间中，CO_2 浓度会逐渐升高。当空气中的 CO_2 浓度达到约 0.1% 时，人们通常会感到疲倦。同时，从公共卫生角度来看，监测空气中的 CO_2 浓度对于控制空调系统、减少传染病传播风险尤为重要。而二氧化碳传感器，正是能够测量 CO_2 浓度的装置。

NDIR

　　在众多测量 CO_2 浓度的方法中，**NDIR**（non-dispersive

infrared，非分散红外）技术是一种常用且有效的方法。NDIR 技术基于特定波长的 **红外线**，**通过测量气体分子对红外线的吸收来确定其浓度**。CO_2 传感器中配置了 **红外发射器** 和 **红外传感器**。红外发射器会发射一定波长的红外线，而红外传感器则检测接收的红外线强度。通过计算从红外发射器到红外传感器间的红外线强度变化，就可以解析出 CO_2 的浓度。

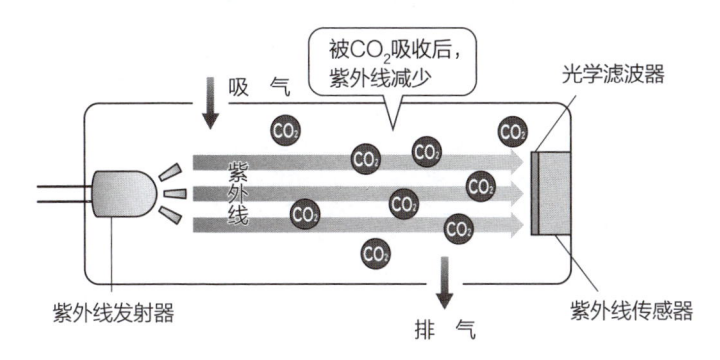

▲ CO_2 传感器的原理

NDIR 式 CO_2 传感器结构简单、维护便利，且灵敏度和稳定性均较高，因此成了目前的主流。这种传感器不仅可以用于监测环境中 CO_2 的排放量，也能够帮助调节室内通风条件，还能用于管理人群密集程度等。

识别肉眼看不见的原子和分子

生活环境中的一切物质都会吸收特定波长的光。例如，树叶和草通常反射绿色光，而吸收红色、橙色、黄色、蓝色、靛色和紫色的光，因此我们会看到植物的叶子呈现绿色。前文所述的 NDIR 技术便利用了这一光吸收特性，能够 **识别肉眼看不见的原子和分子**。

第 49 讲 测量对人体有害的放射线

测量放射线 ///　　☑辐射计　☑盖革计数器　☑闪烁体

什么是放射线？

我们周围的一切，包括人体、食物和环境，都是由微小的原子聚集而成的。这些原子中有些会释放出一种被称为**放射线**的能量（辐射）。虽然我们无法用肉眼看到放射线，但它可以穿透物质并使原子发生电离（离子化）。放射线分为多种类型，包括α射线、β射线、γ射线、X射线和中子射线等。

放射线广泛存在于自然界中。例如，宇宙中的射线会辐射到地球，地壳中的岩石会释放放射线，空气和食物中的某些成分也含有放射性物质。因此，人类几乎时时刻刻都暴露在天然辐射环境中。

第49讲 测量对人体有害的放射线

接触放射线被称为"辐射暴露",而受到放射线辐射的多少则被称为"辐射剂量"。

全球范围内,人类每年平均接受天然辐射的剂量约为 2.4mSv(毫希沃特),其中包括来自宇宙射线的约 0.4mSv,来自地表 γ 射线的约 0.5mSv,由吸入室内氡气及其子体产生的约 1.2mSv,通过食物摄入的放射性核素造成的约 0.3mSv。

此外,乘坐飞机旅行 2000km 时接受的辐射剂量约为 0.01mSv,而在医疗过程中,如进行 X 射线检查或 CT 扫描,每次检查接受的平均辐射剂量在 0.05 ~ 0.1mSv。据研究,若在较短时间内暴露于 100 ~ 200mSv 或更大的辐射剂量下,可能显著增加患癌的风险。因此,科学家和相关机构设立了辐射剂量的安全上限。

放射线的利用

放射线在医学、工业、农业和科学研究中有广泛的应用。在医疗领域,医生利用放射线的穿透能力进行 X 射线成像和 CT 扫描,还用于某些癌症的放射治疗。在工业中,放射线被用来检测材料质量;在农业中,它被用于作物品种改良和害虫防治。此外,放射性物质也被用作**核电站发电**的燃料。

同时,科学研究中也利用放射性物质的衰变特性进行古生物遗迹的年代测定。例如,通过分析碳同位素,可以推断陶器及其他考古物件的年代。

测量辐射剂量

由于放射线不可见且无法触摸,人们需借助专用仪器——**辐射计**,来检测辐射剂量。盖革计数器是一种代表性辐射计,广泛应用于**辐射剂量测量**、辐射安全防护、实验物理学和核工业等领域。根据相关法律,从事辐射作业的工作人员必须持续监测其辐射暴露情况,以保障安全。

辐射计根据测量原理主要分为两种:用于测量放射性物质是否存在的盖革－米勒管式,以及用于测量空间辐射剂量的闪烁体式。

❶ 盖革－米勒管式

盖革－米勒管式辐射计通常用于测量放射性物质的存在,主要适用于 X 射线和 β 射线检测。其原理是,当辐射通过装有特定气体的圆筒探测器时,会引发气体原子电离,形成阳离子和自由电子。阳离子被吸引至负电极,电子被吸引至正电极,进而产生电流,设备通过检测电流的强度来判断辐射剂量。

盖革－米勒管式辐射计因售价较低而获广泛应用,但其测量精度有限,尤其不适于高浓度辐射剂量的场景。

❷ 闪烁体式

闪烁体式探测器主要用于空间辐射剂量测量。其原理是,**利用辐射使闪烁体处于激发状态**。当辐射穿过探测器内的**闪烁体**时,闪烁体因分子处于不稳定状态而发光。光传感器通过测量光的强度来计算辐射剂量。该方法适用于高灵敏度的剂量检测。

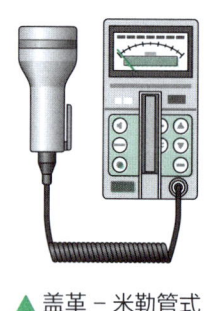

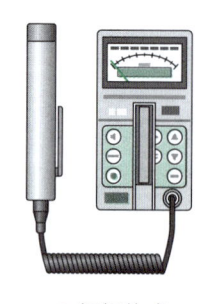

▲ 盖革－米勒管式　　▲ 闪烁体式

第 8 章 了解传感器的特性和性能

在第 8 章中,为了帮助大家更清晰地了解如何选择合适的传感器,我们将重点讲解选择过程中至关重要的 9 个特性。此外,我们还将介绍与传感器紧密相关的两个重要概念——"噪声"和"校准"。

第 50 讲　对传感器的要求

传感器的选择 ///　　☑重复性　☑分辨率　☑环境特性

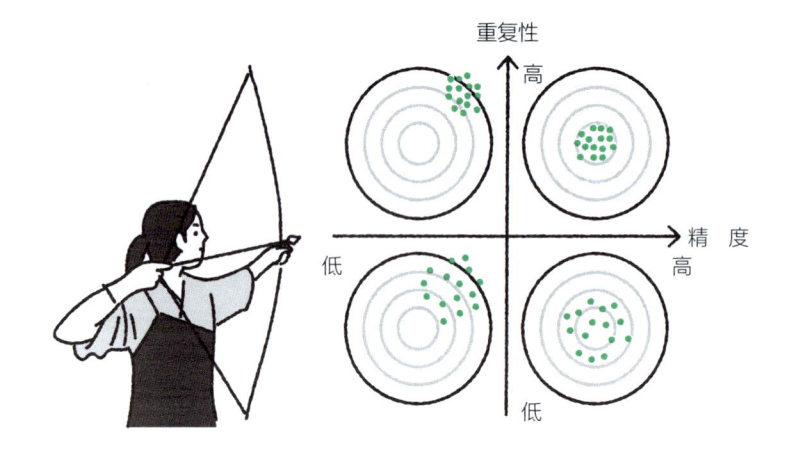

选择哪种传感器？

　　正如我们之前提到的，对于同一种现象或事件的测量，可能存在多种传感器可供选择，因此**选择合适的传感器至关重要**。

　　例如，在测量某个物体的距离时，可以选择超声波传感器、光学距离传感器或无线电波传感器，这些传感器在价格和性能上存在显著差异。以自动驾驶为例，精确测量车辆与周围物体（如墙壁、行人或其他车辆）之间的距离至关重要。停车辅助系统通常使用安装在车辆后部的超声波传感器，这种传感器适用于几厘米到几米的近距离测量；而自动刹车系统则需要测量几十米的距离，常用毫米波雷达或激光雷达（LiDAR）等高精度传感器。

通过这些例子可以看出，传感器的选择需要根据测量对象的距离、范围及具体需求来综合确定。在选择传感器时，以下 9 个关键特性需要重点考量。

传感器的特性

❶ 测量范围

测量范围（也称"量程"）表示传感器可测量数值的最小值到最大值之间的范围。

❷ 精度（误差）

精度是传感器**测量结果的准确程度**，通常通过最大误差值来表示。例如，一个精度为 1m 的距离传感器，其测量误差最大不会超过 ±1m。

误差可以分为两种：增益误差（相对误差），与测量值成比例，一般以百分比表示（如 ±0.1%）；偏移误差（绝对误差），与测量值无关，通常以数值形式表示（如 ±1.0m）。

❸ 重复性

重复性是传感器**在相同条件下进行重复测量时数值的一致性**。理论上，理想的传感器对于相同输入信号会每次输出完全相同的测量值。但实际上，受多种因素的影响，传感器的输出可能存在波动。如果多次测量值非常接近，则可认为该传感器的重复性较好。

❹ 分辨率

分辨率指传感器**能够检测到的最小变化量**。例如，以 1s 为最小单位移动的秒针，其分辨率为 1s。

❺ 灵敏度

灵敏度是传感器**输出值与输入值的比值**，表示传感器对输入变化的响应能力。例如，一个传感器能将温度每变化 1℃ 转换为 100mA 的电流，其灵敏度为 100mA/℃。

❻ 环境特性

环境特性涉及**传感器在特定环境条件（如温度、湿度、压力等）下的性能**。环境变化可能会影响传感器的测量结果。例如，在低温或高温环境下，一些传感器可能无法正常工作。因此，选择传感器时需特别关注其环境特性。

❼ 动态特性

传感器的动态特性描述了其**对随时间变化的输入信号的响应能力**。输入信号的变化可能导致传感器输出发生延迟或波动。以温度测量为例，热电偶的响应通常比热敏电阻快，但过快的响应也可能使传感器对环境中的噪声更加敏感。因此，动态特性在需要快速响应或稳定性的场景中尤为重要。

❽ 频率特性

频率特性描述了传感器**对不同频率输入信号的响应能力和增益特性**。理想情况下，传感器应对所有频率输入信号具有恒定增益。然而，实际上存在频率依赖性，如在某些频率（共振点）下可能出现异常高的输出反应。因此，了解传感器的工作频率范围对于精准测量非常重要。例如，动圈式麦克风对低频声音更敏感，而电容式麦克风则对高频声音更为擅长。

❾ 过渡特性

过渡特性反映了传感器在输入量发生变化时，**从过渡状态到稳定输出**所需的时间，以及在这一过程中可能出现的波动范围。这一特性能帮助评估传感器响应速度与稳定性。

传感器的选择

我们先看看温度传感器的选择。热敏电阻具有高精度且适用于较小的测量范围,而热电偶则适合较大的温度测量范围。因此,如果需要在宽范围内测量温度,热电偶是更合适的选择。

再看看距离传感器的选择。以距离测量为例,超声波传感器比 LiDAR 的价格低,但在精度和分辨率方面不如 LiDAR。如果需要高精度和高分辨率的距离测量(如自动驾驶中的精确测距),LiDAR 是更优的选择。然而,LiDAR 的价格昂贵,因此在预算允许范围内需权衡性能与成本。

综上,不同类型的传感器在性能和价格上各具特点。在实际选择过程中,需要综合考虑上述 9 个关键特性,以满足具体的测量需求。

第 51 讲 去除噪声，获取准确数据

输出准确值 /// ☑噪声 ☑人为噪声 ☑内部噪声

什么是噪声？

噪声指的是由电视、广播、电话等设备产生的电气噪声，以及我们不需要的其他声音或信息。在传感器从输入数据到输出数据的整个过程中，各种类型的噪声都可能造成干扰。因此，**如何有效去除噪声直接关系到传感器能否准确输出数据**。

噪声的类型

噪声分为**自然噪声**和**人为噪声**两类。自然噪声指的是自然界中存在的噪声，如雷电、大气放电、宇宙射线等。人为噪声则是

指人类活动中产生的噪声。例如，手机发出的电波、电视或计算机设备泄漏的电磁能量等。当我们使用微波炉时可能会发现Wi-Fi信号变差，这实际上是微波炉发出的噪声在干扰信号。

此外，从噪声产生的位置来看，又可分为在电路基板、元件、电源等设备内部产生的**内部噪声**，以及由外部因素导致的**外部噪声**。

传感器中的噪声及应对方法

在使用传感器进行测量时，**无论选择哪种传感器，除了我们希望获取的信号，均会不可避免地混入噪声**。所有传感器都会受到一定程度的随机噪声（在时间上不规则出现的噪声）影响，从而导致测量结果偏离真实值。因此，必须采用信号处理技术来尽量减少噪声的干扰，以提取最接近原始信号的数据。

一种典型的方法是**平滑化**，对时间轴上的相邻数据取平均值，以有效减小或去除异常数据的影响。然而，要实现更高精度的处理，还需要结合信号的频率范围进行复杂分析。如果已知信号的目标频率范围，那么可以**将不在该范围的部分视为噪声并去除**。但当噪声和信号的频率范围发生重叠时，仅靠简单滤波难以达成目标，此时需要更为精细的信号处理。

以脉搏传感器为例，人体运动会引发噪声，使得传感器难以准确测量脉搏数据。为了去除这种干扰，可以配合加速度传感器测量身体运动的频率，从而将运动引起的噪声去除，留下更加精准的脉搏波信号。

第 52 讲 传感器的校准

校准测量值 /// ☑校准 ☑校正 ☑间接传感器

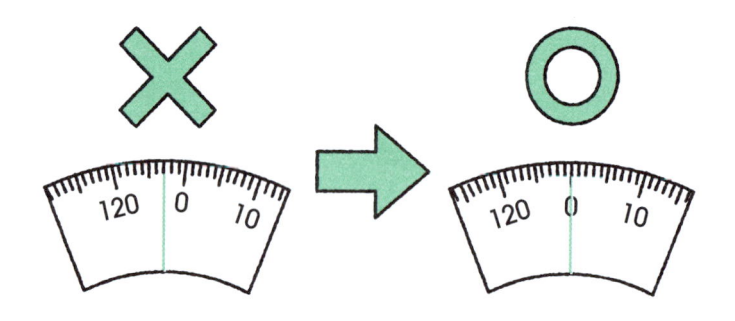

什么是校准？

在传感器领域，**校准**（calibration）是指对传感器的测量值进行**校正和调整**的过程。校准对于保持传感器的测量精度和稳定性，以及预防潜在的故障至关重要。

影响传感器性能的因素

- **制造差异**：即使是由同一制造商使用完全相同的工艺制造的传感器，其输出测量值也可能存在细微差异。

- **设计差异**：技术设计的不同也会导致传感器在相同条件下表现出不同的反应。在需要通过多个参数的实际测量值**间接计算结果**的场景中，这种差异尤为明显。

- 环境差异：在存储、运输和组装过程中，传感器可能会受到温度变化、冲击、湿度等环境因素的影响，导致响应发生变化。

- 老化效应：随着时间的推移，传感器的响应性能可能会发生一定程度的退化。

上述因素不仅会影响传感器的测量精度，还可能对其响应的重复性造成显著干扰。因此，为了确保传感器的正常工作，必须定期对其进行校准。

温度传感器的校准

温度传感器校准通常在已知标准温度环境中进行。例如，可以将传感器放置于以下两种典型的标准温度环境中：冰水混合物，温度为 0℃；沸腾的水，温度为 100℃。通过将传感器的测量读数与已知温度进行比较，可以判断是否需要校准。

若读数存在偏差，则需要校准：将标准温度计和待校准的温度传感器一起放入一个恒温水槽中，并确保水槽的温度稳定。然后，将待校准传感器的测量值调整为与标准温度计所示一致。

湿度传感器的校准

湿度传感器的校准方法类似于温度传感器，但有所不同的是湿度环境通常由标准盐溶液生成。例如，可以利用盐溶液来创建稳定的已知相对湿度环境。在此环境中，将湿度传感器的读数与已知湿度进行比较。

如果湿度传感器的读数与标准环境中的已知湿度不一致，则需要校准：将高精度湿度发生器作为标准设备，与待校准的湿度传感器进行对比测试，然后调整湿度传感器的读数，使其与标准值一致。

专栏6　降噪功能

噪声在我们的日常生活中无处不在，尤其当我们想听音乐或享受安静时，噪声往往成为一种干扰。而如今，许多设备（如耳机、扬声器）已配备降噪功能，能够有效减小噪声的影响。

当我们使用耳机听音时，外部环境中的噪声常常混入其中。主动降噪（active noise cancellation，ANC）耳机便是解决这一问题的有效工具。其工作原理是，通过耳机内部的麦克风**检测外部噪声，然后生成一个与噪声相位相反的声波，从而抵消噪声**。这种技术可以显著降低外部干扰，即使耳机不播放任何声音，也能够起到降噪效果，提供更安静的听觉环境，让人更专注于工作或学习。

但要注意，长时间使用降噪耳机可能会导致听觉神经对外界声音的适应能力下降，甚至导致听力减退或耳鸣等问题。尤其是在高音量下长时间使用耳机，可能会对耳蜗内的毛细胞造成损害。

主动降噪技术不仅应用于耳机，也被广泛运用于其他场景。例如，为了减少发动机噪声和风噪等干扰，许多飞机使用主动降噪技术，为乘客创造更为舒适的旅程体验；一些高端汽车内置了主动降噪系统，用于降低发动机噪声、轮胎噪声以及风噪，营造安静舒适的乘车环境。

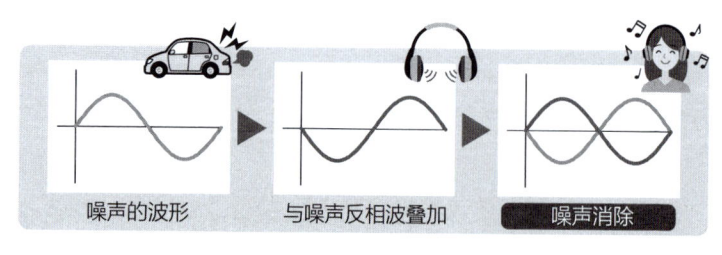

| 噪声的波形 | 与噪声反相波叠加 | 噪声消除 |

▲ 降噪的原理

第 9 章　传感器应用系统

在本章中,我们将深入探讨传感器的应用技术,以及它如何让我们的生活变得更加便捷和丰富多彩。同时,还将解析传感器作为设备组件,与设备之间的相互关联及其协作原理。

第 53 讲 传感器在 IoT中扮演着重要角色

物联网 ///　　☑ 互联网　☑ 云端　☑ 智能家电

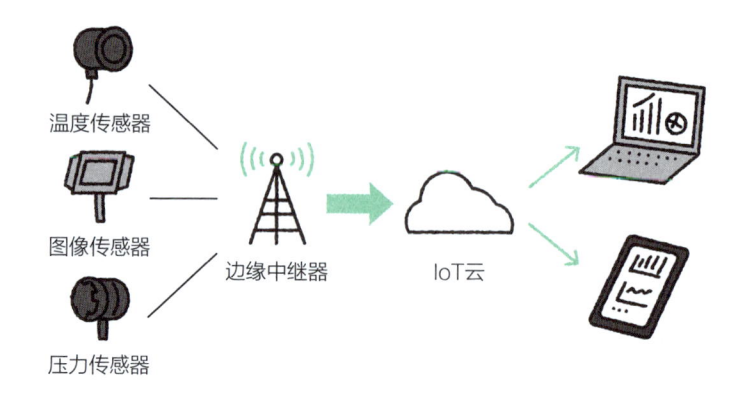

温度传感器
图像传感器
压力传感器
边缘中继器
IoT云

什么是物联网？

互联网的快速发展彻底改变了我们的生活，它是支撑电子商务、在线教育和在线支付等领域的重要社会基础设施。那么，**物联网**（internet of things，**IoT**）又意味着什么呢？

简而言之，物联网是指通过互联网将各种物品（如家电、汽车等）互联互通，使它们能够通过服务器或**云服务**实现数据交换和信息共享。在这一过程中，传感器起着至关重要的作用。作为物联网的"眼睛"和"耳朵"，**传感器能够采集来自现实世界的信息**，并通过边缘设备或中继器传输至云端，从而实现数据分析和远程控制。

物联网系统的应用

物联网技术在现实生活中的应用范围非常广泛，显著提升了我们的生活质量和工作效率。以下是部分应用场景。

❶ 实时信息监测

物联网可以实时获取设备状态。例如，检测工业设备的异常、监视河流水位变化，或查看办公室和商店的座位使用情况。

❷ 智能家居

借助智能手机或计算机终端，用户可以实现远程操控。例如，根据预计到家时间启动电饭煲、通过摄像头查看冰箱内的食材，或一键锁上家门。

❸ 节能环保

通过传感器详细记录家中活动情况和电力使用状况，有助于优化用电方案，从而节省能源。

❹ 城市智能化管理

结合传感器采集的大量数据与机器学习算法，可实现更高效的城市管理，为居民提供智能化和便捷的生活环境。

物联网的负面影响

尽管物联网显著提高了效率并降低了成本，但它也伴随着潜在的安全与隐私风险。随着物联网设备的普及，网络攻击的威胁逐渐增大。例如，监控摄像头的数据可能被黑客窃取或篡改，威胁用户隐私；无人机等智能设备可能成为未来网络攻击的目标。

因此，在享受物联网便利的同时，用户和开发者必须高度重视其安全性，积极采取保护措施以预防网络攻击和隐私泄露。

第 54 讲 IoT 的连接纽带

深入传感器内部 /// ☑ Arduino ☑ Raspberry Pi ☑ M5Stack

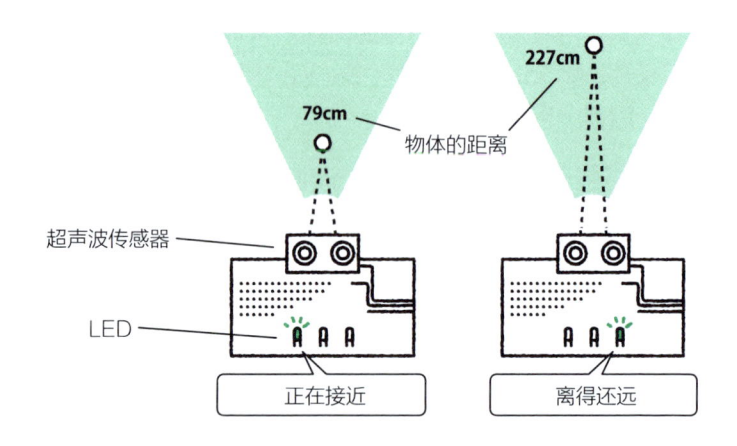

227cm
79cm 物体的距离

超声波传感器

LED

正在接近 离得还远

电子制作套件

物联网（IoT）是一种通过互联网将以往不具备连接能力的物体（如传感器、执行器、家电、建筑物、汽车等）连接起来，实现信息交换和交互的技术体系。要实现这一目标，就需要通过电子制作来构建硬件装置和软件程序。传感器的连接同样依赖电子制作技术，它通过组合电子元件创建电子电路，并设计与控制对应的程序。Arduino 和 Raspberry Pi（树莓派）是两种低成本且易于学习的电子制作套件，它们为物联网开发提供了重要支持。

Arduino

Arduino 是一款简单易用且价格低廉的微控制器平台(硬件与软件的集合)。

Arduino 的功耗很低,可以用两节五号电池(3V)驱动。无须连接显示器或键盘,用户可以在计算机上编写程序,并通过 USB 传输到 Arduino 的存储器中。即使断电,数据也不会丢失,程序上电后即可自动执行。

Arduino **拥有丰富的输入输出端口,可连接传感器(输入)或 LED、电机(输出)等设备**,适用于原型开发(如人体感应灯、自动控制风扇等)。

由于内存小(约 1KB)、计算能力有限(CPU 频率 8~16MHz),Arduino **不适合处理复杂计算需求或大规模数据存储**,但这些问题可以通过扩展存储设备(如 Micro SD 卡)或利用通信模块(Wi-Fi、蓝牙)进行数据传输来缓解。

Raspberry Pi

Raspberry Pi 是一种尺寸小巧但功能强大的单板计算机,用途更加广泛,特别是在处理与网络关联的任务时表现出色。

Raspberry Pi 具有操作系统(大多使用 Linux),类似于小型计算机,支持连接高清多媒体接口(HDMI)显示器、键盘、鼠标等设备。可以运行多个应用程序或复杂的编程任务,支持主流编程语言(不限于 C、Python 等),适合开发需要联网、存储和实时数据处理的系统。适用于测量传感器数据并上传至云端、远程监控或进行图像处理(通过连接摄像头)等高计算量的任务。

对于实时性要求较高或频繁输入/输出的应用（如电机控制、传感器频繁采样），Raspberry Pi 不如 Arduino 表现优异。此外，其功耗较高，对连续计算任务的持久性不及 Arduino。

▼ Arduino 和 Raspberry Pi 的主要共同点和区别

特 征	Arduino	Raspberry Pi
尺 寸	USB 移动硬盘或信用卡大小	
价 格	几百元人民币	
类 型	微控制器	单板计算机
操作系统	无	Linux 系统
程序运行方式	单个程序，通过串口传输执行	多个程序，直接在设备上运行
编程语言支持	C 语言为主	支持多种语言，无限制
CPU 频率	8～16MHz	700MHz
耗电量	低	高
内 存	1KB	256～512MB
输 出	模拟和数字信号	数字信号
电源电压	3V	5V
周边设备	基本没有	外接键盘、鼠标、麦克风

M5Stack

近年来，一种名为 **M5Stack** 的模块化物联网开发工具迅速崛起。M5Stack 是一款尺寸仅约 5cm 见方，集成了按钮、**加速度传感器**、液晶显示屏、外壳和电池的微控制器模块，是物联网开发的热门选择。

M5Stack 内置蓝牙、Wi-Fi 等无线通信功能，能满足基本的物联网需求。支持通过不同扩展模块（如 GPS、通信接口等）的"堆叠"，快速添加功能。此外，其各种传感器连接器使得用户无须具备复杂的电路知识，仅需简单的连线操作，即可实现硬件开发。兼容 Arduino 的开发环境，还支持 MicroPython 等语言。

此外，M5Stack 系列还提供了小型版本（如 M5Stick、ATOM、M5Stamp 等），满足不同尺寸与功能的需求，从而成为备受欢迎的物联网开发工具。

第 55 讲　使用网络技术整合多个传感器

传感信息的收集 ///　　　☑传感器网络　☑智能尘埃

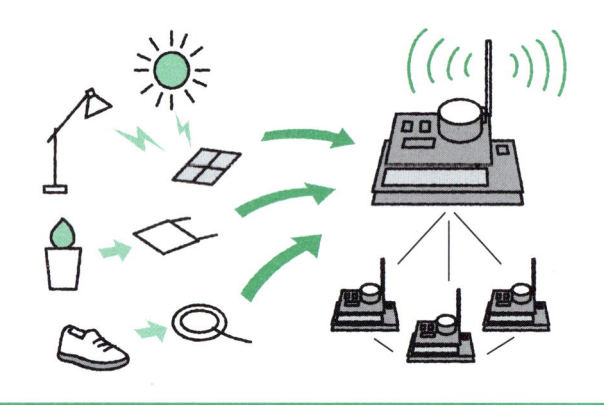

什么是传感器网络？

　　传感器网络是一种通过**无线通信**等技术将多个传感器连接起来，以**收集、传输、分析多个地点的传感数据的系统**。这种网络化的传感器群在工业应用中已有成熟实践。例如，在工厂的生产线上，传感器常被用作电机等执行器的关键输入信号。相比传统的点对点控制方案，传感器网络不仅能够实现设备控制，还能对收集的信息进行深入分析，使系统更智能化。

　　早在 20 世纪 90 年代末，加州大学伯克利分校就曾开展一项名为"**智能尘埃**"的研究项目，这是传感器网络发展的早期研究之一。

第55讲 使用网络技术整合多个传感器

"智能尘埃"是一种**部署大量微型传感器**（大小仅如米粒）的网络化系统。这些传感器搭载了处理器、内存、电源和无线通信设备，通过协作**收集环境中的多样化信息并传输至计算设备**进行分析。该项目最初面向军事或环境监测场景，研究如何通过空中散布微型传感器实现高效测量。

传感器网络的应用案例

在建筑物中，通过分布式传感器实时采集照度、温度、湿度、电力消耗及人体活动等数据，能够实现**室内环境的自动化优化**。例如，根据光线强弱调节照明设备，或根据室内温度调控空调系统，从而提升居住或办公环境的舒适度与能源使用效率。

在桥梁、隧道或城市道路等公共基础设施中部署传感器网络，可对关键性能指标进行实时监测。例如，监测桥梁的振动频率、噪声水平以及应力数据，以评估其结构健康状态。

在智慧农业领域，传感器网络被广泛应用于温室环境监测。通过监测温度、湿度、日照强度以及土壤湿度等关键参数，可实时了解作物的生长状况，还能实现**对农作物收获时间的精准预测**。

▲ 桥梁监测

第 56 讲　传感器与机器学习

人工智能 + 传感器 ///　　☑人工智能　☑机器学习　☑时间序列信号

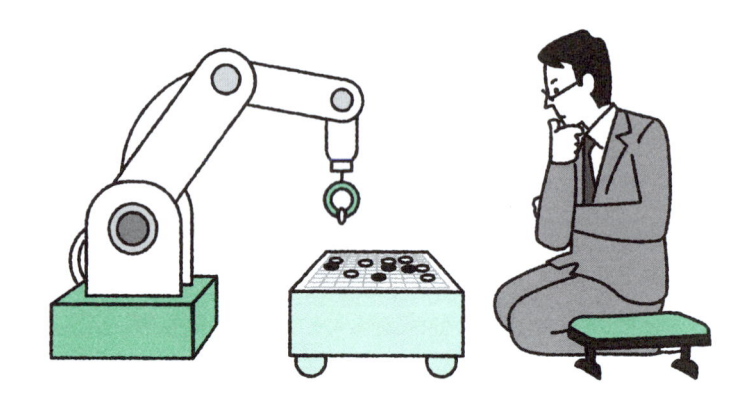

什么是机器学习？

　　机器学习是<u>人工智能（AI）</u>的一个分支，通过软件算法对历史数据进行模式识别和建模，从而预测新的输出结果。它已广泛应用于棋类（如象棋、围棋）运动、医学诊断、自然语言处理等多个领域。根据学习方法，机器学习通常分为以下三种类型。

　　• 有监督学习：基于带有标签的训练数据，通过推断输入与输出之间的关系，进行模式分类或数值预测。

　　• 无监督学习：在不提供明确标签的情况下，通过分析输入数据的模式和结构进行聚类或降维。

- **强化学习**：起初没有任何标签或经验，通过模拟系统自身的试错过程，逐渐提高优化策略。

其中，有监督学习是传感器数据处理应用中常见的类型，通过分析大量带有标签的数据来实现分类或预测。

机器学习与传感器的结合

近年来，将**机器学习与传感器结合成为智慧化应用的重要趋势**。

在医疗领域，脑电图（EEG）、肌电图（EMG）、心电图（ECG）等生物信号采集场景中，由传感器采集的信号属于**时间序列信号**，并且常受到噪声（如眨眼、设备干扰等）的影响。这种噪声可能掩盖生物活动信号的真实特征，因此在数据分析之前，需要通过带通滤波器提取特定频段信号以去除干扰。加入机器学习算法，可以进一步从复杂的多维信号中提取生物活动特征或分类标签，从而帮助医生更准确地做出诊断决策。

适用于传感数据的机器学习

进入 AI 时代后，机器学习成了传感器的好搭档。机器学习与传感数据的结合已快速渗透到工业、医疗和自动驾驶等众多领域。

在智能制造中，振动、温度、压力等传感器用于设备监测。设备异常时，物理参数（如振动幅度、温度）会偏离正常模式。通过历史数据训练模型，机器学习可自动识别异常，帮助工程师提前维护，防止故障。

自动驾驶依赖激光雷达、超声波传感器、摄像头等采集环境数据。机器学习融合多模态数据，识别车辆距离、行人位置和交通信号灯状态，支持实时决策。基于机器学习的模型使自动驾驶汽车能快速应对复杂路况，实现无人驾驶。

第57讲 传感器技术引领智慧农业

监测农场 ///   ☑ 智慧农业   ☑ 遥感

从传统农业到智慧农业

农业是人类定居生活的基础，其发展也支撑了人口的增长。然而，当前农业面临劳动力短缺与人口老龄化等问题。为弥补人手不足并减轻劳动负担，**智慧农业**正通过应用机器人、人工智能、物联网等前沿技术不断发展。

作物监测

在农场内布置传感器，能够实时监测光照、温度、湿度以及

第57讲 传感器技术引领智慧农业

作物形状和大小的变化（通过**遥感技术**）。当传感器检测到异常情况时，系统会进行分析并将结果通知农户。这项技术有助于预防病虫害的传播，并监控作物的生长状况。

气象条件分析

利用传感器监测温度、湿度、土壤水分、降水量及露点等相关数据。通过对收集到的数据进行分析，可以**预测农场的气象模式，从而指导作物的选种**，使其更适应当地的气候条件。

土壤健康分析

土壤是作物生长的关键因素之一。因此，通过**在土壤中设置传感器**（参见第44讲），可以获取土壤的营养成分、旱涝程度、排水能力和酸碱度等信息，从而**选择适合土壤条件的作物进行种植**。

▲ 无人机在智慧农业中的应用

第 58 讲　用 ICT 和传感器实现智慧城市

传感器应用系统 /// ☑智慧城市　☑信息通信技术　☑开放数据

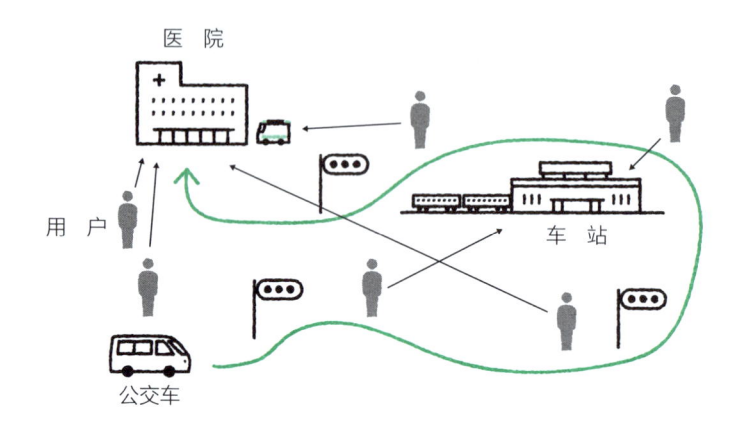

医　院
用　户
车　站
公交车

智慧城市的定义

"**智慧城市**"是指通过**信息通信技术（ICT）**实现城市管理和服务的智能化，从而提升城市功能和居民生活质量。具体而言，智慧城市利用各种传感器收集现实世界的信息，促进信息共享，并通过数据的获取、共享和分析循环，**优化城市运营，提高生活便利性**。

第 58 讲　用 ICT 和传感器实现智慧城市

开放数据的应用

实现智慧城市离不开**开放数据**的应用。开放数据是指地方政府或企业在保障隐私的前提下，将收集的数据公开，推动数据的有效利用。

例如，公共交通数据规范（GTFS）定义了公共交通时刻表和相关地理信息的通用格式，已在北美和欧洲广泛应用。在中国，GTFS 主要用于公共交通数据的标准化和共享，支持换乘指南的地图联动，并结合交通拥堵信息准确预测到达时间。尽管 GTFS 不包含传感器数据，但其包含通过 GPS 获取的公交车位置信息，增强了公共交通管理的智能化。

智慧城市的应用

在交通领域，智慧城市结合多人共乘公交的高效性与出租车满足个体需求的灵活性，实现了按需公共交通。共享自行车领域通过不断推广，积累使用数据，优化了自行车的摆放位置。此外，**探测车**创新性地将汽车本身作为传感器，**通过车辆搭载的多种传感器信息，优化城市交通管理**。未来，随着自动驾驶汽车的普及，信号系统和道路网络将更加智能化。

ICT 不仅在交通领域发挥作用，还在医疗、护理、教育和安防等多个领域不断探索应用。**人们对智慧城市的期望日益增长**，传感器技术的广泛应用将成为智慧城市发展的重要支柱。

本书介绍了各种传感器的类型和应用。在日常生活中，我们与许多传感器互动，甚至可以将人类视为功能强大的传感器。我们通过感官感知现实世界的信息，并将其解读和转换为更高维度的信息，传达给他人。这种"**参与式感知**"通过整合来自众多个体的信息，形成了全球信息体系。如今，气象信息的共享已成为商业活动的一部分。在都市生活中，参与式感知通过信息共享促进互助，助力智慧城市建设。

全球各地积极推进智慧城市建设。例如，新加坡提出"智慧国家"计划，在交通、环境、医疗等各个生活领域利用传感器，实现智能化管理。日本千叶县柏市的"柏之叶智慧城市"项目，通过传感器收集现实世界的信息，推进城市开发，旨在减少环境影响，提高应对自然灾害的能力，促进地方经济发展，提升居民健康与幸福感。

在中国，北京制定了智慧城市四级规划管控体系，统一"京通、京办、京智"服务入口，并以"七通一平"作为全市统一共性基础设施，确保各领域数字化建设基于统一规划和统一平台。上海通过构建全市时空"一张图"数字底座，整合城市管理中的各类数据和资源，实现实时监测、智能预警和协同处置，提升超大城市的精细化运营管理水平。

随着人工智能的发展，智慧城市将变得更加智能和便捷。然而，无论技术如何进步，**传感器作为获取现实世界信息的核心组件，始终不可或缺**。未来，传感器技术将在智慧城市的各个方面发挥更大作用，推动城市向更加高效、可持续和宜居的方向发展。